中国古人成事的智慧

谋事

于一鲁◎著

民主与建设出版社
·北京·

图书在版编目（CIP）数据

谋事：中国古人成事的智慧 / 于一鲁著 . -- 北京：
民主与建设出版社，2024. 9. -- ISBN 978-7-5139-4747-
3

Ⅰ. B848.4-49

中国国家版本馆 CIP 数据核字第 202444GQ17 号

谋事：中国古人成事的智慧
MOUSHI ZHONGGUO GUREN CHENGSHI DE ZHIHUI

著　　者	于一鲁
责任编辑	周佩芳
封面设计	末末美书
出版发行	民主与建设出版社有限责任公司
电　　话	（010）59417749　59419778
社　　址	北京市朝阳区宏泰东街远洋万和南区伍号公馆 4 层
邮　　编	100102
印　　刷	天津光之彩印刷有限公司
版　　次	2024 年 9 月第 1 版
印　　次	2024 年 11 月第 1 次印刷
开　　本	710 毫米 × 1000 毫米　　1/16
印　　张	15
字　　数	159 千字
书　　号	ISBN 978-7-5139-4747-3
定　　价	52.00 元

注：如有印、装质量问题，请与出版社联系。

第五章　博弈中智取，复杂形势下的取胜之道

第六章　众志成城，善于统领才能成大事

第一章 韬光养晦，成大事者须低调守拙

张良：急流勇退，隐藏锋芒，才能保全自己

"汉初三杰"之一的张良，是一位很出色的军事谋略家，公元前209年，陈胜、吴广领导了大泽乡起义，张良散尽家财，立即聚众响应。后来他跟随刘邦四处征战，协助刘邦制定军事作战的方略，并且提出了很多治理军队和国家的政策方针。作为刘邦团队中最重要的谋士，张良为建立西汉王朝作出了巨大的贡献。

比如，刘邦进入咸阳时，耽于享乐，沉迷在声色犬马之中，张良劝说他还军霸上，为此赢得了军民的拥戴。在鸿门宴上，项羽一方对刘邦动了杀心，正是张良劝说刘邦放低姿态，并且疏通项羽的叔父项伯，才使刘邦顺利脱身。公元前205年，在彭城一战中遭到惨败的刘邦，在张良的建议下拉拢了英布、彭越和韩信，为楚汉之争的胜利奠定了基础。

可以说在刘邦的政治道路上，张良扮演了重要的角色，但张良是一个很有分寸感的谋士，他了解自己在团队中的强项是什么，也了解自己扮演的角色是什么，因此从来都是安心做好自己的工作，保持低调，绝对不会给身边的领导和同事带来任何威胁。

西汉建立后，刘邦按照功劳来分封开国功臣，当时曹参获封的食邑为10630户，萧何为10000户，夏侯婴为6900户，而对于张良，刘邦直接让他选择齐国30000户为食邑。要知道，30000户大于曹参、萧何、夏侯婴的总和了，而且齐国拥有当时全国最富饶的土地。

刘邦将最好的封地以及最多的食邑给了张良，但张良并没有接受，而是选择当初与刘邦相遇的江苏沛县，并且只接受10000户的食邑，刘邦只好封他为留侯。功成名就的张良完全可以安心地享受荣华富贵，但是他却感受到了很大的危机：自己能力太强，功劳太大，甚至有功高震主的嫌疑，这无疑会打破团队内部的权力平衡，导致刘邦的权威受到影响，而内部的权力平衡一旦受到破坏，整个团队就可能变得很不稳定。面对可能出现的动荡和危机，张良选择急流勇退，基本上不问政事，不是访仙问道，就是称病不出，最终得以善终。

张良的谋划以自身的定位为基础，从不做定位之外的事情，从不谋求定位以外的利益。他知道自己在团队中的地位，一直恪守本分，无论能力有多强，功劳有多大，始终以团队利益和领导者的利益为重，凡事保持低调内敛，不越俎代庖，不过分展示自己，避免自己成为团队内的不稳定因素。

　　一个人想要在团队中顺利发展，就应该像张良一样，努力做好自己的定位。所谓定位，就是指人们找到适合自己的发展方向和发展道路。在定位的时候，明确自己在团队中要扮演的角色、所处的地位、要做的工作，以及自己与其他人之间的关系，必须确保自己的角色不会影响其他人。

　　定位主要包含两个方面的内容：一个是认清自己，另一个就是认清环境和形势。认清自己才能知道自己的优点和缺点，才能了解如何更好地发挥自己的价值，并躲避可能出现的风险。而认清环境和形势则强调自己与环境之间的相互影响，需要弄清楚自己的一言一行对环境会造成什么样的影响，同时了解环境对个人产生的影响。从团队生存的角度来看，人们不仅需要明确自己适合做什么，适合扮演什么角色，还要明确自己与团队环境之间的相互作用。

　　当一个人成长太快或者变得过于强大时，整个团队的平衡就容易被打破。"木秀于林，风必摧之"，一个优秀的人如果不善于处理好自己与周边人的关系，就很容易遭到排挤。所以，一个人即使能力和功劳再大，也要保持低调平和的心态，要注意处理好上下级的关系，要注意处理好同事之间的关系，懂得将锋芒隐藏起来。

司马懿：谨言慎行，成为最后赢家

如果要说三国时期谁是最大的赢家，那么司马懿绝对榜上有名，虽然曹操、孙权和刘备成为雄踞一方的霸主，但是真正将三国推向统一的关键人物却是司马懿，正是因为他的运筹帷幄，三国最终成了司马家建立晋国的垫脚石。

司马懿是一位很有才华的政治家和军事家，他出身士族，能力出众，名声很大。曹操在赤壁之战后广招人才，而声名显赫的司马懿受到曹操的器重，可是眼见汉朝气运衰微的司马懿，并不想在曹操手底下谋事，干脆称病。为了骗过曹操，他真的躺在床上一动不动。

几年之后，曹操又想到了司马懿，于是派人传话，如果司马懿拒绝的话，就直接将他绑起来。司马懿担心曹操会对自己不利，只能委曲求全为曹操办事。识人无数的曹操认为司马懿有大才，就安排他辅佐东汉的太子，并先后担任黄门侍郎、议郎、丞相东曹属、丞相主簿等职位。经过一段时间的观察，曹操发现司马懿虽然是难得的人才，但是为人有野心，有志向，以后恐怕未必甘为人臣。

为了打消曹操的疑惑，司马懿每天都勤勤恳恳做好自己的分内之事，其他不相干的事情一律不闻不问。不仅如此，司马懿还表现出忠于曹操而不是忠于汉朝皇帝的样子，考虑到当时的谋臣中有不少人忠于汉室，曹操需要司马懿这种忠诚度更高的人来帮自己处理事务。

在之后的几年时间里，司马懿在军事上为曹操出谋划策，在政治上进一步向他靠拢，在国事上提出了屯田制，帮助曹操解决了粮草不足的问题。关羽水淹七军时，司马懿看到了孙刘联军因争夺荆州而产生的矛盾，于是从中挑拨，导致孙刘两家从合作走向对抗，顺利解了曹军的樊城之围。

公元220年，曹操去世，司马懿开始辅佐曹丕。曹丕对司马懿有戒心，为此，司马懿一直都对曹丕的政策和指令言听计从，帮助曹丕在政治上、军事上解决了一个又一个难题。可是等到曹操的孙子曹爽掌权时，曹爽对司马懿表现出极大的不信任，甚至直接削去他的兵权，仅仅给他一个"太傅"的闲职。然而，司马懿并不生气，安心地任职10年。

为了让曹爽放松警惕，司马懿干脆装聋和装病，对外营造出年老体衰、不久于人世的假象，最终迷惑了曹爽，这也为司马懿策划政变奠定了基础，最终司马家从曹氏家族手中成功夺权。

当你还不够强大、未能独立发展时，要抓住两个要点：第一个要点就是合理的价值呈现，合理的价值呈现首先要强调个人价值的展示，必须让领导、竞争对手、客户看到这些价值，这样你才会有生存的空间。更确切地说，人们在展示能力的过程中，需要控制范围，仅仅停留在自己的能力对他们有帮助的层面上，消除自己的威胁性和竞争性，提升自己的存在感。第二个要点就是示弱与忍耐，示弱和忍耐的目的不是彻底服软、服输，而是暗中积蓄力量，等待最佳的时机发动反攻。

就像司马懿一样，他精准地把握住了曹操和曹丕的矛盾心理，知道他们一方面在猜忌和排挤自己，另一方面又欣赏自己的能力，在这种情况下，他并没有宣称自己是曹魏阵营中不可或缺的一分子，而是选择踏踏实实做事，放低姿态，充当一个兢兢业业的执行者，用自己的实际行动为领导创造价值。而当曹爽开始有意将司马懿排挤出团队时，双方已经从此前的合作关系演变成竞争关系，此时矛盾已经接近公开了，但即便是这样，他也没有直接离开，更没有进行激烈反抗，而是继续示弱，为自己最后的反击创造了更好的条件。

　　和那些一辈子战战兢兢、如履薄冰的人不同，司马懿更像是一个成熟的操盘手，在曹魏集团这个大团队中，无论是面对上级领导，还是面对竞争对手，他都能够应对自如、从容不迫。而原因就在于他总是能够保持弹性的生存策略，为自己争取更大的生存空间。

郭子仪：善于"自黑"，敢于"不完美"

回顾历史，不难发现，许多功勋卓著、声望超越君主之人未能得以善终，如秦始皇时期的白起、刘邦时期的韩信，皆是此类典型。然而，也有功成名就、安享晚年、善始善终的人，其中唐代名将郭子仪尤为突出，他历经唐朝七位皇帝，屹立不倒，堪称古今罕见。

郭子仪的一生跨越了武则天、唐中宗、唐睿宗、唐玄宗、唐肃宗、唐代宗、唐德宗七朝，他福寿双全，子孙满堂，名满天下。郭子仪生前便享有盛誉，去世后更是成为历史上极少数富贵寿考的名臣之一。

郭子仪早年以武举人的身份补任左卫长，后来升任至九原郡太守，但一直没有受到朝廷重用。公元755年12月，安史之乱爆发，郭子仪任朔方节度副大使，率军勤王，很快收复河北、河东，回朝后拜兵部尚书。公元757年，郭子仪与广平王李俶又收复了西京长安、东都洛阳，被封为代国公，第二年更是晋升中书令。当时，唐肃宗这样称赞郭子仪："国家再造，卿力也。"

可是当一个员工的功劳越来越大时，内部的平衡就开始被破坏，管理者的权威受到了一定的挑战，很多时候，员工的话甚至比管理者还管用，员工的威望比管理者还高，这自然会导致内部权力系统的失衡。不仅如此，员工能力过于强大，常常会影响其他同事的地位和权益，他们就可能想办法排挤、诬陷这个员工，通过各种手段制造阻力。

事实正是如此，在之后几年时间里，由于兵败、兵变等事故，郭子仪先后数次被朝廷解除兵权。到了公元763年，仆固怀恩勾结吐蕃、回纥，攻陷长安。当恐惧在朝堂上蔓延的时候，皇帝终于想起了此前战功赫赫的郭子仪，再度起用郭子仪，并任命他为关内副元帅，这一次，郭子仪同样没有令皇帝失望，一举收复长安。公元765年，吐蕃、回纥再度联合起来入侵，郭子仪先是单骑劝退回纥，然后率军大败吐蕃，成就了一段传奇。在这之后，郭子仪在朝中的地位便无可撼动。

公元779年，郭子仪被唐德宗尊为尚父，升任太尉、中书令，并加食邑至两千户，每年的俸禄更是高于一众大臣。唐德宗为了褒奖他的功绩，更是不时给予各种赏赐。不仅如此，他的8个儿子和7个女婿全部入朝为官，身居高位，部下中也有60多人位高权重。这样一个功勋卓著且势力庞大的老臣，虽然可以为团队创造更大的价值，但对团队管理者来说同样存在风险，因为越是功勋卓著，越是拥有强大号召力的人，就越是可能破坏整个团队的合作，甚至威胁管理者的权威。

唐德宗以及后来的唐代宗自然明白这一点，但郭子仪是一个聪明人，他自然知道保持团队凝聚力的重要性，知道自己要想在朝廷中生存下去，就要想办法消除当权者的疑虑，他开始制定周密计划，巧妙避开可能出现的权力之争。有一次，唐代宗当着群臣的面要册封郭子仪为尚书令，很多大臣表示拥护皇帝的决策，但令人感到意外的是，郭子仪极力推辞，并且表示与其授予他一些官衔，还不如赏赐其他东西，于是唐代宗直接赏赐了大量美女和珠宝财物，此时郭子仪笑着跪谢皇恩。

这一下，很多人都觉得郭子仪只是一个贪财好色的人，他不贪恋权力，只对物质享受感兴趣，而这样的人恰恰是管理者最喜欢的那一类人，因为管理者只需要给予适当的物质激励，就可以引导员工去完成各种指令，而这一类员工往往能够成为很好的执行者和辅助者。

所以说，真正优秀的员工，往往会妥善平衡内部的关系，他们知道什么时候应该展示自己的能力，发挥自身的价值，为团队做出更大的贡献。他们也知道在展示自身能力的同时，做好明确的自我定位，不会喧宾夺主，不会破坏管理者的权威，更不会影响管理者在团队内的地位。

徐阶：抓住时机，一招制胜

徐阶，明世宗（嘉靖皇帝）时期的内阁大学士。在他踏入官场之初，权臣严嵩如日中天，一手遮天，权势之大，无人能及。徐阶才华横溢、心性高傲，不愿依附严嵩，很快就成为严嵩的眼中钉。严嵩记恨徐阶，不仅仅是因为徐阶不合作，更是因为徐阶与严嵩的对手夏言关系密切，这使得严嵩对徐阶的敌意更加强烈，处处针对徐阶。

当时，严嵩父子经常在皇帝面前说徐阶的坏话，他们刻意贬低徐阶的能力，指责他妄议国家政策，甚至质疑皇上的治理才能。世宗皇帝听了这些话，对徐阶极为不满，几次想要罢免他的官职。面对严嵩的步步紧逼和皇帝的猜疑，徐阶的处境可谓岌岌可危。

徐阶并非等闲之辈，他深知在这种情况下硬碰硬只会让自己陷入更深的困境。于是，他改变了原来的策略，开始变得顺从。无论严嵩父子如何陷害他，如何说他的坏话，如何给他使绊子，他都视而不见。在朝堂上，即使严嵩直接指责他办事不力，或者当面批评他的为人，他也是默不作声，既不辩解也不争执。这种忍辱负重的态度，让严嵩父子一时之间也摸不清徐阶的底细。

　　徐阶在日常生活中也表现得极为低调和谦逊。平日里远远见到严嵩，他总是客客气气地打招呼，没有一丝不满的样子。这种表面的客气和顺从，让严嵩父子更加难以捉摸徐阶的真实意图。他们开始怀疑，徐阶是否真的已经屈服于他们——徐阶的顺从和客气并没有让严嵩父子放下戒心。他们仍旧对徐阶保持着高度的警惕，甚至在徐阶面前表现得非常无礼。但是，徐阶还是忍气吞声，毫无怨言。

　　经过多次试探和观察，严嵩父子终于对徐阶放下了戒心，不再故意为难他。看到严嵩慢慢信任自己，徐阶开始实施扳倒严嵩父子的计划。要扳倒严嵩这样权势滔天的权臣，单靠自己的力量是不够的，必须借助皇帝的力量。于是，徐阶开始有意向世宗皇帝靠拢。他平时故意说一些让皇帝高兴的话，以此赢得皇帝的信任。这种策略很快奏效，世宗皇帝开始对他产生了好感，并且不断提拔他。徐阶以自己的聪明才智应对，逐渐在世宗皇帝面前树立起了良好的形象。

某一次，永寿宫发生大火，世宗皇帝于是打算建造新宫殿。他询问严嵩的意见，被严嵩直接否决。这件事让世宗皇帝非常不满，他觉得严嵩已经开始不把自己放在眼里了。而徐阶则敏锐地捕捉到了皇帝的心思，他建议将大火中剩余的宫殿材料拆下来，用来建造新宫殿。这样既节省了开支，又能够迅速完工。世宗皇帝听了非常满意，于是授权徐阶负责修建万寿宫。

徐阶慢慢赢得了世宗皇帝的信任。与此同时，严嵩开始被皇帝冷落和疏远，权势逐渐衰弱，而徐阶的地位则不断上升。

看到时机已经成熟，徐阶决定采取行动。他直接让朝廷官员上奏告发严嵩父子，罪名是巨额财产来路不明、陷害忠良、作乱通倭。这些罪名都是严嵩父子长期以来的恶行所累积下来的，徐阶只是将它们一一揭露出来而已。世宗皇帝早就对严嵩父子的专权心怀不满，于是借着官员们的上奏，直接逮捕了严世蕃，并念及严嵩有功于朝廷，勒令他告老还乡，远离朝政。

隐忍数年的徐阶终于扳倒了严嵩父子，帮助世宗皇帝重整朝纲。

从徐阶的发展历程来看，他以变化的、发展的眼光审时度势，灵活应对种种挑战。面对严嵩的敌意和皇帝的猜疑，他采取了隐忍退让的策略，避其锋芒，不与之正面交锋。这种策略的选择，是基于他当时的处境和实际情况的明智决定。当他逐渐赢得皇帝的信任，地位上升时，他适时地改变策略，开始积极行动，最终扳倒了严嵩父子。在这一过程中，徐阶展现出了根据不同发展阶段制定不同竞争策略的智慧，无论是隐忍、退让，还是正面交锋，都紧密贴合了他的实际情况和发展状态。他的成功，在于他能够根据时局的变化，及时调整策略，以此来满足自己的利益需求，最终实现了自己的目标。

羊祜：谦让功劳，赢得爱戴

西晋名臣羊祜，出身于官宦世家，其家族背景强大，自幼深受家族文化的熏陶。他不仅承袭了家族的优良传统，更在个人能力上展现出了非凡的才华。然而，尽管拥有着如此显赫的家世和卓越的才能，羊祜的生活却异常简朴，为人处世更是低调谦恭，无论遇到何人，他都表现得极为和善礼貌，且从不与人争斗。

晋武帝司马炎称帝后，羊祜因有辅佐之功，被任命为中军将军，加官散骑常侍，封为郡公，食邑3000户。但羊祜坚决辞让。最后他拒绝了郡公的职位，只接了侯爵。

后来羊祜被任命为督荆州诸军事，加官至车骑将军，地位与三公相同，但他上表坚决推辞，说："我入仕不过十几年，就坐上了如此显要的位置，因此每日每夜都为这高位感到战战兢兢，将荣华富贵视为潜在的忧患。身为外戚，我事事都似乎顺风顺水，更应当时刻警醒自己，不可因过分的恩宠而迷失方向。然而，陛下屡屡颁发诏书，赐予我太多的荣耀，这让我如何能坦然接受？如何能心安理得？如今朝中不乏才德兼备之士，比如光禄大夫李熹，他高风亮节；又如鲁艺，他洁身自好、清心寡欲；还有李胤，他清廉朴素。然而，他们却未能获得高位。而我，既无显著才能又无特殊德行，地位却超过了他们，这又如何能平息天下人的怨愤呢？因此，我恳请皇上收回成命！"然而皇帝并未同意。

晋武帝咸宁三年（277），皇帝又封羊祜为南城侯，羊祜坚辞不受。他每次晋升，常常辞让，态度恳切，因此声名远播，朝野人士都对他推崇备至，以至认为他应居宰相高位。

羊祜筹划的良计妙策和议论的稿子，过后都被焚毁，所以世人不知道其中的内容。对于受到自己推荐而晋升的人，他从不张扬，被推荐者也不知道是羊祜荐举的。

在晋武帝当政期间，时局并不稳定，朝堂内的明争暗斗从未断绝。各种势力相互缠斗、相互抨击，使得朝堂之上充满了火药味。然而，羊祜却始终能够做到左右逢源。无论哪一股势力，都对羊祜尊重有加，从来没有人在朝堂上为难他。很多有权势的大臣甚至特意吩咐下属，一定要对羊祜客客气气，不能做任何伤害他的行为。

羊祜之所以能够在如此动荡的时局中安享晚年，除了他卓越的才能和显赫的家世之外，更重要的是他那种谦逊、低调、和善的处世态度。他用自己的行动诠释了"以德服人"的真谛，成了西晋朝堂上的一道亮丽的风景。

"天下熙熙，皆为利来；天下壤壤，皆为利往。"利益往往是人们做事的最大动机，人与人之间的合作、竞争往往都是围绕着利益需求来展开的，正因为如此，想要处理好人际关系，首先就要想办法处理好彼此之间的利益关系。一般来说，人们会重点关注外部的竞争关系，而忽略内部的合作关系，殊不知内部关系处理不当的话，同样会对自身的生存和发展产生很大的影响，其中利益分配就是一个核心问题。

羊祜的聪明之处就在于，他从不与人相争，将功劳和奖赏让给其他人。

想要避免自己受到周围人的排挤，想要避免成为出头鸟，就要保持低调。

一般来说，出让功劳的方式有以下几种：

首先，要懂得赞扬他人，并且最好在公开场合表扬他人。比如，当受到领导嘉奖时，不要将所有功劳占为己有，而要懂得替其他同事说好话，在领导面前表达自己对他们能力、态度、成果的尊重，要认同他们所提供的帮助。这样的美言往往可以让同事们感到欣慰和开心。

其次，要懂得与同事一起分享奖励和荣誉。比如，在上台领奖时，可以让同事一同登台捧杯，或者强调这个奖项属于团队中的每一个人。

再次，要懂得举荐那些有能力的同事。当人们获得成功或者获得提拔时，不要只想着自己的发展和前程，而应该记住那些一同奋斗的同事，要懂得将功劳让给其他同事，要尊重他们在工作中做出的努力和贡献，并且想办法提拔他们，为他们创造更好的发展机会。

最后，要懂得将机会让给其他人。人们有时候需要将得到的发展机会让给其他人，这样不仅可以体现出自己低调谦和的魅力，也能够赢得他人的信任和认可，从而为日后的和谐相处奠定基础。

乔致庸："以退为进"，吃亏是福

清代著名晋商乔致庸早年是贩卖茶叶的商人，志向远大的他一直希望可以把生意做到全国各地，甚至做到国外市场上去，可是当时的茶叶市场混乱无序，很多不法商人为了获得更高的利润，常常会以次充好，缺斤少两更是常态，这也使得大家的生意越来越难做。

为了拓展销路，乔致庸制定了一个营销策略：在前往福建武夷山采茶时，他就要求所有的茶农按照一斤一两重的标准来制作一斤茶，而他也会支付一斤一两重的茶叶钱。在出售的一斤茶里多增加一两，而价格却是按照一斤来计算的，这样一来，他每出售一斤茶叶就会亏损一两茶叶的钱。不仅如此，乔致庸要求增加的茶叶不得以次充好，一斤茶的包装袋里都是一斤一两的好茶叶。

听到这个消息后，人们纷纷嘲讽乔致庸是个庸才，根本就不会做生意，这不是明摆着亏钱吗？他们都在等着看乔致庸家产亏空的笑话。乔致庸推出一斤一两重的一斤茶之后，茶叶的销量直线上升，很多外地人都特意跑过来买他的茶叶，大家还对购买的每一包茶叶称重，发现每一袋一斤茶都不偏不倚，刚好一斤一两重，而且都是清一色的好茶，没有碎末，也没有混杂次等茶叶。

正因为乔致庸的茶叶很优惠，价格公道，而且没有掺杂任何次品，因此在短时间内遭到市场的哄抢，无论是茶农还是经销商都愿意和他合作，他也因此顺利拿下了很大的茶叶市场份额。乔致庸将茶叶生意从南方做到北方，从北方做到俄罗斯，真正实现了自己"货通天下"的理想。

人们在评价乔致庸的生意经时，使用了郑板桥的一句话——难得糊涂。乔致庸在做生意时，一斤茶赠送一两茶的行为看起来有些糊涂和荒唐，但实际上他却通过主动让利的行为有效拉拢了客户，优质的茶叶，极致的性价比，给他带来了良好的口碑，他因此得以打造一个强大的品牌，并顺利推动了市场的拓展和延伸，帮他打造了一个强大的商业帝国。

在日常生活、工作、社交中，不要总是表现得太聪明，很多时候，应该糊涂做人，糊涂做事。

首先，在面对竞争对手的时候，人们需要适当隐藏自己的实力和真实意图，不争不抢，低调示弱，看似糊涂的表现往往可以为自己赢得更多的生存机会。比如，在一个团队中，有很多人看起来不争不抢，从来不会主动邀功，有时候还会将功劳让给别人，这样的人看上去有些"傻"，但是他们通常深谙生存之道，往往能够更巧妙地处理内部的人际关系。

其次，在面对合作伙伴的时候，不要斤斤计较，精于计算，要懂得适度"让利"和"吃亏"。让利于人才能够从别人那里获得更大的收益，主动吃亏才可以赢得更多的信任与合作。比如，在商业合作中，如果人们只专注于自身所得，而算计客户、合作伙伴的利益，就很容易激化彼此之间的矛盾；而让利于对方，虽然看起来是自己吃了亏，但能够赢得对方的信任，并建立更稳固的合作关系。

再次，在面对利益时，不要将一时的得失看得太重，也不要被眼前的小利益所迷惑，凡事看得长远一些。在作出决定之前，要认真思考一下，现在的决策会对将来的发展产生什么样的影响。无论是投资，还是创业，或者与人合作，都要立足长远，要以未来的发展为考量标准，不要因为眼前的利益而错失更好的发展机会。

最后，人们不用将事情说得太明白，不用将问题理得太清楚，凡事只要把握住事物的本质即可，尽量做到看破不说破，这样可以为自己减少很多麻烦。比如，当别人做错了事情时，自己没有必要争辩，没有必要抓住别人的错误不放，有时候装作不知道反而能够更好地处理人际关系。

还有一点值得注意，做人要分清轻重，在小事上可以装糊涂，遇事睁一只眼闭一只眼，不用理会，但是在大事上应该坚守原则，毫不含糊。

司马光：低调亲和，赢得世人尊敬

　　很多人都学过司马光砸缸的故事，司马光从小就非常聪明，而且读书非常勤奋，后来更是成了北宋著名的政治家、史学家和文学家，虽然顶着大儒的头衔，但他为人非常朴素低调，从来不会高调展示自己。很多朝廷官员和文人名士出行时，不是骑着高头大马，就是乘坐豪华马车，但是司马光却很朴素，平时出门都是步行，而且穿着也很普通，从来不会穿华美的衣服去炫耀，正因为如此，很多人都愿意和司马光结交，都愿意到他这里来做客。

　　司马光后来被封为宰相，位高权重，但是他并没有将这个消息告诉家里人，大家都以为他还和以前一样。司马光家里有一个老仆人，为人忠心耿耿，由于不知道司马光获得朝廷重用，每次见到司马光都亲切地称呼"君实秀才"。直到某一次，大文豪苏东坡来司马光家中做客，恰好听到老仆人以"君实秀才"来称呼司马光，心里非常惊讶，不禁赞叹司马光的为人。苏东坡于是好心提醒这个老仆人："您的主人可不是秀才，他是这个国家的宰相，大家都称呼他为'君实相公'。"老仆人听了，几乎吓一跳，他万万没有想到自己每天口里称呼的"秀才"竟然是朝廷重臣，实在是大不敬，心里有些惴惴不安。在这之后，老仆人每次见到司马光，都毕恭毕敬地尊称对方为"君实相公"。

司马光很奇怪老仆人为什么突然改口了，老仆人于是高兴地说自己幸亏得到苏东坡的指点和教导，否则真的就一直错下去了。司马光忍不住长叹一声："我家这个老仆人，可是活生生被子瞻（苏东坡字子瞻）教

坏了。"不仅如此，他还对老仆人说，以后见到自己不用那么拘束，继续称呼秀才也没什么不妥。

司马光先后侍奉过四任君王，一直在政坛屹立不倒，这和其低调的品质息息相关。作为北宋政坛的常青树，司马光为人亲和，低调朴实，和大小官员的关系都很融洽，他从来不会为自己的官职而去排挤别人，对底层官员和民众也很和善，因此很少有人会攻击他。司马光在古代曾一度被当成儒家三圣之一，很多人将其与孔子、孟子相提并论，由此可见他的受欢迎程度。

低调亲和是一种不事张扬、与人和谐共处的社交方式，这样的个性往往可以很好地维持人际关系，确保彼此之间不会因为立场不同、地位不同、利益不同而产生激烈的矛盾冲突，它更多地体现出一种柔性策略和手段，能够有效应对彼此之间的分歧，能够拉近彼此之间的距离。

想要赢得别人的尊敬和信任，想要在复杂的环境中生存下去，减少外界的干扰，我们需要做到低调，需要向他人展示自己无与伦比的亲和力。具体可以参考以下方法：

首先，要善于倾听，将倾听作为重要的沟通模式。在沟通时，为了展示自己的能力和优势，人们会想办法宣扬自己的想法，会想办法吸引更多人的关注，甚至不惜动用自己的权力和地位来强迫他人服从自己，这样强势的表达方式可能会引发他人的不满，相比之下，倾听他人反而可以更好地赢得对方的尊重。

其次，保持谦逊的姿态，无论自己身处何位，无论自己获得了多大的成功，都要保持谦虚和恭敬的姿态，不要过度炫耀，不要总是给别人制造压力。只有保持谦逊的态度，只有在人前保持亲和力，才更容易受到大家的欢迎。

再次，要保持真诚，不论是面对上级领导、同事、下属，还是朋友和家人，都要保持真诚的态度，要尊重别人的想法，要尊重别人不同的意见，在和谐沟通的基础上保持良好的人际关系，同时减少周围人对自己的敌意和伤害。

最后，要保持强大的同理心。那些低调亲和的人，通常懂得尊重客户，懂得换位思考，懂得感受他人的需求，并懂得温和地展示自己的态度，避免用高高在上的态度待人，避免用权势逼迫他人。

晋文公：退避三舍，诱敌深入，掌握主动权

春秋战国时期，晋国公子重耳因为内部的政变而逃亡楚国，楚成王知道重耳是一个非常有能力的人，日后必定会有一番成就，所以他认为此时帮助重耳会是非常好的投资，只要善待对方，日后说不定可以为楚国谋取更大的利益。正因为如此，楚成王不仅顶住晋国的压力收留了重耳，还以国君的礼仪接待了他，并积极帮助他回国夺回政权。

有一次，楚成王问重耳："将来公子回国后夺取大权，应该如何回报楚国呢？"重耳非常感谢楚成王的接待，于是立下重誓："如果真的如您所说，有朝一日我能够回到晋国，并且成为晋国国君，那么我愿意与楚国交好，两国百姓和睦共处，决不开战。如果双方真的不幸在战场上相遇，那么我会让晋国军队后退90里。"楚成王听了很高兴。

公元前636年，在外流亡19年的晋国公子重耳顺利回到晋国，并在秦穆公的帮助下登上王位，成为晋文公。志向远大的晋文公在国内实行一系列改革，使得晋国迅速壮大。当时，晋文公希望将晋国打造成足以与齐国、楚国匹敌的大国，甚至还想过让晋国成为中原霸主。同样地，

楚国也趁着齐桓公去世后齐国内乱的契机，开始四处征战，试图称霸中原。在这种情况下，晋国的日益强大直接与楚国的利益发生了冲突。

有一次，楚国发兵进攻宋国，宋国立即派人向晋国求救。晋文公为了感激当年逃亡路上宋国国君的接待，于是派人前往楚国说情，但是楚成王一心想要称霸中原，灭掉宋国这个国家势在必行，直接拒绝了晋文公。此时，晋国还没有实力与楚国对抗，于是晋文公就让宋国向齐国、秦国求助，让他们出面干涉楚国的军事行动。而晋国则出兵攻打曹国和卫国，以免楚国和这两个国家联合起来攻打晋国。在占领曹国和卫国后，晋文公直接将这两个小国的部分土地分给宋国。

楚成王见到晋国想要帮助宋国，就让大将子玉不要与晋国发生正面冲突，要是晋国军队出现在战场上，一定要远离对方，在他看来，晋文公在外流亡十几年，什么困难和危险都经历过，而且也有很多复杂的社会关系，像这样的人不能与之发生战争。子玉为人很孤傲，根本听不进去，直接带兵攻打晋国军队。眼见楚军来袭，晋文公下令部队立刻往后撤退90里，将士们非常不解，认为晋国未战先怯，将来如何与各个大国争锋，又如何成为中原霸主呢？

面对将士的质疑，晋文公解释说自己当年受过楚成王的恩惠，也答应过对方一旦战场相遇，就会后撤90里，自己绝对不能失信于人。其实，晋文公让军队后撤的真实目的是制造未战先怯的假象，用来迷惑对手，然后诱敌深入，趁其不备发起进攻。公元前632年，楚国大将子玉率军追击晋国、秦国、齐国的盟军，结果落入盟军的包围圈，最终遭遇了大败。

在这场战役中，晋文公的军事谋略展露无遗，面对强大的楚军，晋文公并不害怕，但是他没有选择蛮干，而是采用了后退90里的方式迎敌。这样做表面上是为了兑现当初的承诺，但更深层的原因在于楚国来势汹汹，兵强马壮，如果直接和对方的主力部队对攻，对晋国、齐国和秦国的盟军并没有什么好处，而主动后退90里，可以躲避楚军的锋芒，进一步消耗楚军的力量，同时也能让楚军麻痹大意，认为晋国怯战，楚军一旦放松警惕，就会遭到盟军的迎头痛击。

当人们面对一个强大的对手时，不要意气用事，在评估双方的实力之后，要善于隐藏自己的锋芒和实力，这样当双方发生冲突的时候就可以更好地迷惑对手，甚至引导对方做出错误的决策。具体方法如下：

首先，在竞争中主动示弱和退让，会让竞争对手误认为你方在逃避，此时，竞争对手可能会放松警惕，对双方的实力对比做出错误的评估，如此一来，他们可能会因为自己的草率行动而遭遇失利。

其次，当竞争对手受到迷惑时，往往会因为过分轻敌而做出一些激进的行为，他们可能会在谋划者的诱导下脱离自己的主场，转而进入一个相对陌生的环境，这样一来，谋划者就可以通过提前布局，将之前的不利环境转化成为有利环境，从而为自己创造更好的竞争条件。

再次，当谋划者主动示弱时，竞争对手可能会过分自信，并由此忽视之前的规划和布局，开始按照自己的主观意识临时制定竞争策略。竞争对手一旦丧失理性，就容易做出一些错误的决策。

最后，优秀的谋划者往往非常看重名声，他们懂得通过退让的方式，让自己站在道德的制高点，这样就可以在竞争中获得更多的支持。反过来说，那些表面上表现非常强势的人，反而会因为太过高调而失去更多的支持，他们的竞争行为也会被认为是一种不道德的表现。

娄师德：唾面自干，以和为贵

娄师德是唐朝著名的政治家和军事家，20岁时便高中进士，之后一路升迁到监察御史。公元677年，吐蕃派兵攻打唐朝边境，唐高宗李治颁发《举猛士诏》，招募勇士进行军事反攻，娄师德立即报名参军。公元678年，前线战事不利，唐朝军队损失过半，军心涣散，这个时候，娄师德率领军队顽强抵抗，使得唐军士气大振。眼看唐军士气越来越旺，吐蕃提出了和谈，双方暂时罢兵言和。几年之后，吐蕃撕毁协议，再次发兵进攻唐朝，娄师德奉命出征，带领部队八战八捷，吐蕃的攻势遭遇重创，而娄师德由此获得重用和提拔。

武则天执政后，开始用酷吏来监管大臣。娄师德虽然战功赫赫，还被武则天提拔为宰相，但他却变得越来越谨慎和小心，始终坚持能让就让、能退就退的原则，凡事以和为贵，不会与人发生任何冲突。比如，当时另一位宰相李昭德与娄师德的关系并不好，对方还处处刁难他，但是娄师德每一次都是笑脸相迎，尽可能避免冲突升级。

两个人经常一同上朝，娄师德虽然身形肥胖，但是毕竟在军队中待过，走路一直是健步如飞，经常就把李昭德远远甩在身后。有一次，李昭德再次落在后面，于是冲着娄师德大喊："我怎么被你个泥腿子甩在后面了？"听完这句话，娄师德并没有生气，反而憨憨一笑："我要不是泥腿子，那谁还是泥腿子呀？"这样一句自侮的话直接让李昭德又惭愧又佩服。在那之后，李昭德就再也没有贬低过娄师德。

后来，娄师德在朝中的声望越来越高，他也越来越低调。他的弟弟后来步入仕途，在出京为官时，娄师德叫住他，然后告诫弟弟凡事必须要学会忍耐，不能高调做事，更不能冲动行事，他说："你我现在都坐到了朝廷要员的位置，这必然会遭人忌恨，对此你打算怎么应对？"弟弟知道娄师德的为人，于是回复道："我知道该怎么做，以后哪怕别人朝我脸上吐唾沫，我也会默默擦了，不与对方计较。"娄师德听完这番话，摇摇头说："你不能这么做，你直接把唾沫擦了，这不是让对方更生气吗？面对这样的人，你直接让脸上的唾沫自己干了不就好了吗？"

唾面自干的故事流传开来之后，大家对娄师德为人处世的智慧佩服不已。

在人际关系中，如何处理冲突一直都是一个重要的课题，真正聪明的人往往会想方设法减少与外界的冲突，当矛盾产生的时候，他们往往会选择忍让，这种低姿态的处事方式具有缓和冲突的作用。唾面自干的做法表面上看起来很窝囊，让人觉得屈辱，但实际上体现出了高明的处世智慧，它在无形中会消耗对方的怒气，减少对方的攻击性。

从心理学的角度来说，唾面自干是一种高明的情绪管理方法，是指人们在遇到外界的刺激时，能够保证情绪的稳定，想要培养这种稳定性，不仅需要极高的个人修养，还需要很强的心理素质。一般来说，想要达到这样的境界，人们需要掌握一些基础的方法。

比如，最常见的就是沉默回避法，简单来说，就是当对方发起攻击，或者锋芒毕露时，不要直接与之对抗，而要选择回避，以免彼此之间的冲突加剧。很多时候，这种沉默回避法不一定会一次就奏效，对方也许会持续攻击多次，但是当承受者每一次都选择回避锋芒时，对方的攻击力度往往会减弱，而且对方攻击几次之后就会慢慢放弃。

除了沉默回避法之外，还有提高思维层次、扩大视野，简单来说，当某人与外界发生冲突且受到外界的刺激和攻击时，选择超脱当前的冲突，将自己拔高到一个更高的高度上看待这件事，这个时候，他就不会在意自己遭受了怎样的刺激。面对外界的刺激，他们往往会低调处理，毫不在意，因为他们并不希望自己在这些小事情上浪费时间和精力，只要忍一忍，对方自然会觉得无趣，然后放弃继续争吵。

还有一些人会低调地选择情绪调整和恢复的方法，当矛盾冲突发生的时候，他们不会想着如何与对方理论，不会想着如何指责对方，而是换一个角度来看待这个冲突，将其当成一件能够带来好处的事情，这个时候，他们就会表现出低调忍让的行为，坚持以和为贵。

第二章 借篷使风，迅速成事要善于借助外力

张仪：使用连横策略，学会借助外力去竞争

公元前329年，张仪入秦，积极游说秦惠文王并受到重用，第二年，秦惠文王封张仪为相。当时各诸侯国为了抵抗秦国的入侵，多次组建盟军与秦国交战。为了瓦解诸侯国的同盟，张仪开始实施连横策略。

张仪分析了秦国与其他诸侯国之间的国力，认为秦国沃野千里，粮食充足，军队人数达百万之众，加上国家政治清明，纪律严明，赏罚公正，每一个人都有以死报国的气势。相比之下，其他诸侯国内政混乱、腐败盛行，治理国家的方略非常不入流，多年来早就国库空虚，物资不足，民众也不想打仗，战斗力并不强，即便联合起来，也无法撼动秦国的霸主地位。

接着张仪认为秦国虽然强大，但是一直以来都缺乏能力出众、具备战略思维的谋士，在与各国的战争中多次出现战略失误，导致错失统一六国的良机。比如，以前秦国进攻实力强大的楚国时，虽然打败了楚国，还占领了楚国的郢都，但就在这个关键时期，秦军却没有更进一步，直接占领楚国，转而攻打其他国家，结果给了楚国喘息的机会。加上连年与各国交战，又导致秦国树敌太多，在一定程度上分散了秦国的

兵力和资源。

张仪认为秦国应该一鼓作气攻占楚国，然后以此为立足点，对其他国家发动进攻，逐步蚕食其他诸侯国。张仪认为行军打仗应该集中资源和兵力狠狠打击对手，尽最大可能打击和消灭对手。而在锁定某个对手并发动猛烈攻击的时候，一定要想办法稳住其他对手，秦国可以运用外交手段与其他诸侯国结盟，避免开辟新的战线，即便其他诸侯国不愿结盟，也要努力确保它们能够在战争中保持中立。

在实施连横策略时，张仪还提出了一个重要的突破点——赵国。因为赵国的东边是齐国，北边是燕国，西边是秦国，南边则是魏国与韩国，它刚好位于各诸侯国的中央位置，处在一个非常重要的战略位置上，占领这个位置就可以对各诸侯国形成巨大的威胁，如果秦国占领赵国，那么南北盟军就无法呼应，合纵部队自然瓦解。此外，赵国因为地理位置的关系，人口流动频繁，境内多是杂居人员，大家没有统一的文化和信仰，凝聚力不够，加上赵国向来轻视法令，国家制度难以落实到位，君主对国家的统治力很有限。还有一点，赵国与韩国关系不佳，双方长期交战，赵国更是将主力军队驻扎在长平城下对付韩国，境内守卫力量薄弱，根本抵挡不住秦国的军队。

整个连横策略包含几个重要内容：第一，秦国需要对那些弱小的国家示强，展示自己强大的实力，从而迫使对方割地，这样就可以以最小的代价削弱对方，同时也不用担心对方会反抗，因为对于弱国来说，割地虽然辱国，但不至于灭国，一旦联合其他诸侯国抗秦，那么可能会直接导致国家覆灭。第二，与那些实力较强的诸侯国结盟，双方约定和平共处，然后共同瓜分小国的领土，对于强国来说，虽然明知道这样做只会让秦国更加强大，但是相比于抗秦的风险，共同瓜分小国可以让它们获得暂时的利益满足。第三，想办法离间强国，因为大国之间也有利益冲突，像齐国和楚国就是如此，秦国需要利用这样的机会让两个国家产生更大的矛盾，这样就可以消耗合纵盟军更多的军力。

从某种意义上来说，连横策略所针对的都是利益划分问题，而其他诸侯国之所以愿意配合这个策略，主要也是权衡利弊的结果，大家都希望做到自身利益的最大化，秦国正好利用了利益来分化合纵盟军，最终逐个击破对手，实现了大一统。

　　想用好连横策略，就要具有全局思维，在生存和发展的过程中，为了提升生存能力，尽可能保持单线作战，联合并集中力量对付眼前的对手，然后采取逐个击破的策略，实现自己的竞争目的。

　　为了更好地发挥连横策略的作用，需要找到合适的联合对象。一般来说，为了更好地保持竞争优势，最好先在众多竞争对手当中选择一个强大的对手进行合作，实现强强联合，这样做可以更好地击败其他实力较弱的对手。而且强强联合的策略并不会让对方心生疑虑，双方的实力可以形成很好的制衡。而在如何说服强大的对手与自己合作时，就需要提供更具诱惑力的筹码，实现更稳定的利益捆绑，如果筹码不够，或者双方的合作不够稳定，就可能会面临中途分裂的危险，从而影响谋划者的布局。

主父偃：看懂利益格局再行动，成为控局者

刘邦建立西汉政权后，为了奖赏那些功臣，就采取了分封制，并由此产生了很多同姓诸侯王和异姓诸侯王，而随着分封领土内诸侯王势力的壮大，渐渐威胁到了中央政权。在汉文帝、汉景帝时期，不断膨胀壮大的诸侯国成了中央政权的一块心病，也成了制造国家动乱的不稳定因素。比如，在汉文帝时期，就发生了淮南王、济北王的叛乱，导致国家动荡不安。

为了稳定国内局势，压制诸侯王，大臣贾谊在《治安策》中提出了自己的建议：将诸侯王领土划分为若干小国，诸侯王的子孙可以按照长幼次序分享封地内的领土，这样就可以有效分化和削弱诸侯王的势力。汉文帝采纳了部分建议，可是在具体落实的时候遭遇了很大的阻力，因此诸侯王的威胁并没有得到实质性的改变。

汉景帝即位后，沿袭了汉文帝的治国策略，他听从晁错的建议，对诸侯国进行削藩，结果引发了吴楚七国武装叛乱。汉景帝依靠铁腕手段平定叛乱，坚持继续削藩。可即便如此，问题还是没有得到最终的解

决。汉武帝登基时，仍旧存在不少领土庞大、资源丰富、军事实力雄厚且不听从中央指令的诸侯国，对汉武帝的统治形成极大的威胁。

公元前127年，主父偃提出了新的建议，他上疏汉武帝，抨击过去那种爵位和领土只能由嫡子继承的做法剥夺了庶出子孙的继承资格，完全违背了大汉一直推崇的仁孝之道，应该进行变革。接着，他提出了自己的变革方案——推恩令。推恩令的主要内容是：强制诸侯王将封地领土均分给各个儿子，每一个分到领土的儿子形成属于自己的诸侯国。

推恩令表面上是宣扬仁孝之道，是为所有诸侯国庶出子孙争取利益，实际上还是一种削藩制度，目的是通过封地的均分来分化、削弱诸侯国势力。推恩令是一个非常高明的策略，它巧妙地分化了诸侯国的势力：如果诸侯接受的话，意味着诸侯势力会不断分化，嫡长子统一封地

的情况将不复存在，对中央政权来说，最大的威胁也就消失了；如果诸侯拒绝的话，诸侯内部往往会出现动乱和纷争，因为庶出的诸侯子孙肯定不希望自己即将到手的利益被抢走。

推恩令通过利益的重新分配给对手制造内部矛盾，顺利将危机降低到最低程度。这是一种巧妙的竞争策略，其核心在于打破敌人阵营原有的利益平衡，并构建起新的利益平衡。在这个过程中，可以清晰地看到主父偃是如何在敌人腹地制造分裂，并一步步实现破局的。

第一步是分解，主父偃先是找到了传统利益格局中相关利益方，了解他们的利益关联性，梳理彼此之间的关系脉络，对利益相关体进行合理解构。在推恩令实施之前，主父偃就对诸侯国的利益体系进行了分解，也梳理了嫡长子与庶出儿子之间的利益关系。

第二步就是寻找漏洞，任何一个利益团队都存在漏洞，任何一个系统也不可能是完美无瑕的，只要找到这个漏洞就可以寻求突破，利用漏洞大做文章。一般来说，这个漏洞就是传统秩序中存在的隐形矛盾冲突，比如在分封制度中，最大的漏洞就是嫡长子继承制严重影响了其他人的利益。

第三步是组装，找到漏洞的目的是重新构建一个新的利益分配体系，确保所有的利益相关方形成一个较为和谐且相互制约的关系，因此需要组装新的利益分配机制。而主父偃的做法就是推翻嫡长子统一封地的制度，推行封地均分的机制，并在此基础上设立更多的诸侯小国，这样一来就有效消除了诸侯国不断膨胀带来的威胁。

鲁肃：避免单打独斗，善于寻找盟友

公元208年春天，曹操在邺城（今河北临漳西南）修建玄武池，训练水军，为曹军向南方进军做充足的准备。这年7月，曹操亲自率领十余万大军南征荆州，企图消灭刘表，然后顺长江东进，击败孙权，统一天下。

眼看曹军南征，东吴内部惶恐不安，因为所有人都知道曹军消灭刘表后，下一个目标就是东吴。据《三国志》记载，孙权获悉曹操准备渡江东侵，立即召见诸位将领商谈应对之策，当时，很多官员都劝说孙权投降曹操，而鲁肃却坐在那里一言不发。孙权也被这件事弄得心烦意乱，找不到合适的处理方案，就走出去透透气。这个时候，鲁肃跟了上来，与孙权单独交谈。一开口，鲁肃就直接说出了自己的想法："刚才我也听了大家的观点和想法，我认为这些人不过是想要害您而已。您根本不值得同这些人谈论国家大事。针对目前的形势，我鲁肃完全可以出门投降，说不定他们还会给我一笔钱送我回老家，或者直接让我在朝中任职，我也照样可以乘着辇车游赏京都，甚至可能会不断升迁，成为州郡一级的长官。可是您不同，您如果投降了曹操，根本没有安身立命的地方。所以我希望您能够早点制定迎敌的方针，不要听信那些官员的糟糕意见。"

孙权听了非常高兴，夸赞鲁肃："刚才那些人的意见让我非常失望，而你刚才阐述的国家大计，与我的想法不谋而合，看来你是上天赐给我的谋士。"

不过，无论是孙权，还是鲁肃，都明确地认识到一个严峻的事实：东吴根本无力单独对抗曹操，必须寻找帮手。这个时候，鲁肃就进言可以联合刘备。从某种意义上来说，刘表和刘备所代表的势力与东吴是敌人，双方还因为荆州存在很大的矛盾，孙坚（孙权的父亲）的死也和刘表有关，双方的关系并不融洽。可是在生死存亡的紧要关头，鲁肃认为曹操才是东吴最大的威胁，而刘备与曹操本身又是对手，敌人的敌人就是朋友，东吴完全可以与刘备结成盟友，共同对抗曹操。

为了向刘备示好，鲁肃认为刘表过世是个好时机，便建议孙权派人前去吊唁，然后商讨合作事宜。获得孙权的同意后，鲁肃亲自前去荆州找刘备。可是当鲁肃走到夏口时，惊闻曹操已经攻到荆州，于是立即快马加鞭赶往南郡，又得知刘表的儿子刘琮投降曹操。来不及多想的鲁肃立即往刘备与曹操交战的长坂坡赶去。到了长坂坡，鲁肃见到了刘备，提出了双方联合起来抵抗曹操的想法，刘备当时正被曹操追击，因此也迫不及待地想要与东吴结盟。不久之后，鲁肃返回东吴复命，而刘备则派遣诸葛亮出使东吴，商讨结盟事宜。至此，孙刘联盟正式成立。

主公，任何人都可以投降，但是您不能投降。我们可以联合刘备，共抗曹操。

只有你与我的想法不谋而合，你真是上天赐给我的谋士。

鲁肃

孙权

　　鲁肃提出的联合刘备对抗曹操，对东吴的生存和发展来说具有重要的战略意义，如果说诸葛亮的隆中对强调的是三分天下的构想，那么鲁肃的联刘抗曹策略，则是落实三足鼎立的具体方法。在这个过程中，鲁肃运用自己的战略思维，将孙刘两个竞争对手捆绑在一起，顺利击垮了强大的曹军。

　　起初联合刘备的时候，很多东吴人会质疑鲁肃的策略，认为东吴与刘氏政权是世仇，而且双方还存在领土之争，鲁肃联合这样的人无疑是卖国行为。

　　在今天看来，鲁肃的思维展现了超越传统敌友观念的战略智慧。他的外交策略并非基于情感或历史恩怨，而是着眼于实际利益。鲁肃的策略强调根据形势变化灵活调整盟友和对手的身份，积极寻求共同利益以促进双方的共同发展和安全。

在制定个人竞合策略时，不应将竞争与合作视为互斥的关系。即使面对竞争对手，也要认识到在特定条件下，双方仍有可能共享资源（如共同学习、交流经验）、合作创新（比如联合项目，共同研发新产品），甚至共同推进个人价值网络的整合（比如建立互助小组，共同提升各自的能力和影响力），或是跨领域合作（与其他行业或背景的人合作，开阔视野，创造新的成长机会）。

重要的是，个人在规划时需仔细权衡竞争压力与合作机遇，合理评估与他人的互动对自身的影响，并基于这些权衡和评估，做出有利于自己长期发展的决策。

陈轸：静观战局，不涉纷争，智取胜利

战国时期，韩国和魏国互相攻伐，双方有一次因为领土问题整整打了一年，双方的消耗都很大，可即便如此，双方都没有要停止的意思。秦惠文王见到两国一直征战不休，有意从中调停，让他们坐下来和谈。为此，他特意召来群臣，询问大臣们的意见。

当秦惠文王说出调停的想法时，朝堂上的文官和武官产生了分歧，文官们向来不喜欢战争，他们希望秦惠文王可以及时出手调停，这样不仅可以终止战乱的局面，解救两国人民，而且还会因为这样的功德被两国铭记于心，这样有助于提升秦国和秦惠文王的威望。

可是武将们早就习惯了战争，他们并不赞同秦惠文王干涉两国的政治，认为秦国调停对自己并无好处，别国的战争和秦国无关，多一事不如少一事。文官和武官在朝堂上争得不可开交，谁也说服不了谁。秦惠文王只好暂时放弃调停的打算，看看日后大家的意见是否可以统一。

有一天，一个楚国来的名叫陈轸的客卿入宫面见秦惠文王，然后针对此前的朝堂争议，向秦惠文王提出了自己的想法，不过，一开始他并没有提到韩魏两国战争的事情，而是问秦惠文王："大王是否想要统一天下？"

秦惠文王直接回答说："当然想统一天下，您有妙计吗？"

陈轸没有直接说出自己的计谋，而是向秦惠文王讲述了卞庄子刺虎的故事。陈轸说，春秋时期，鲁国有一个武功高强的人，名叫卞庄子，此人经常仗剑走天涯，为人解决不平之事。某一天，他途经一个地方，眼见天色已晚，就在一家旅店投宿，结果无意中听到当地人说附近有两只非常凶猛的老虎，不仅咬伤很多家禽家畜，还出来伤人，以至于大家平时都不敢出门。颇有侠义风范的卞庄子听说后，立即提着自己的青铜剑，出门去杀那两只老虎。店里的小伙计猜测卞庄子是一个优秀的剑客，于是也壮着胆子跟他出门。

两个人一路寻找，听到不远处的山谷里有动静，就悄悄走过去，结果发现两只老虎正在吃一头牛。卞庄子立即就要拔剑冲出去杀虎，却被小伙计拉住了。小伙计说："这位壮士，不要心急，现在这两只老虎虽然吃得津津有味，但是随着牛肉的减少，用不了多久，它们就会因为争夺食物而相互撕咬，这样一来两只老虎肯定会一死一伤。到了那个时候，您再冲出去，就可以轻松应对留下来的那只重伤的老虎。"

卞庄子觉得非常有道理，于是选择在树丛里隐蔽，静观其变。果不其然，两只老虎很快就因为争食而相互攻击，经过一番激烈的打斗，体形较小的老虎被咬破了喉咙，很快就不能动弹，而体形大一点的老虎虽然取得了胜利，但也受了重伤，行走很困难。眼见时机成熟，卞庄子拔出宝剑，刺死了重伤的老虎，就这样，他不费吹灰之力就解决了当地的虎患。

讲完了这个故事，陈轸顺势谈起了如今的局势："如今，韩国和魏国互相攻打一年还不停止，两国已经产生了极大的消耗，即便一方获得最终的胜利，也会像重伤的老虎一样，没有任何攻击力和防御力。大王如果想要统一天下，那么就应该放任它们继续打下去，继续增加消耗，等到双方都伤亡惨重的时候，您再出兵讨伐两国，就可以轻松击败这两个强敌。"

秦惠文王听了恍然大悟，于是决定再也不干涉韩魏两国的战争。随着战事的推进，韩国消耗巨大，再也无法继续维持战争，魏国稍微占据

优势，但也元气大伤，此时秦国直接派出军队进攻这两个国家，结果对方毫无抵抗，只能眼睁睁地看着秦国军队抢走大量的城池。

"坐山观虎斗"本质上是一种借力打力的策略，谋划者为了实现自己的目的，获得自己预期的收益，会想办法借助外力来打压那些潜在的竞争对手，而且相比于直接出手，"坐山观虎斗"是更加稳妥且效果更好的方式，因为这种借力打力的方式会尽可能消耗竞争者更多的实力，参与竞争的所有对手最终都会在缠斗中元气大伤，而谋划者只要看准时机入场，收拾残局即可。

王娡：善于借助外力，也能反败为胜

汉武帝刘彻的母亲王娡，出身于一个平民家庭，但是她母亲是秦末燕王之女，算得上名门之后，不过为了躲避战乱，最后嫁给了一个普通人，但是王娡的母亲一直不甘心过普通人的生活，她一直教育孩子必须努力向上爬，主动去改变命运。

后来，王娡的母亲听信算命先生的话，让早已嫁作人妇的王娡离婚，并且托关系将女儿送入宫中。入宫后，王娡被安排侍奉太子刘启（后来的汉景帝），并且依靠个人魅力顺利俘获了太子的心，还为太子生下了儿子刘彻和两个女儿。

后来刘启即位，王娡在宫中的地位并没有得到明显提升，尤其是后宫中还有第一任皇后薄氏，她是后宫之主，而且当初还是太皇太后指定的皇后，在后宫之中的位置无人能够撼动。接着就是汉景帝最宠爱的妃子栗姬，栗姬最大的资本是她为汉景帝生下了太子刘荣，将来注定是要做皇太后的。反观王娡，儿子刘彻在汉景帝的14个儿子当中排行第十，根本没机会登上帝位，她自然也就无法在后宫更上一层楼。

由于薄氏没有子女，汉景帝废除她的皇后之位后，栗姬母凭子贵成为后宫最有权势的人。汉景帝的姐姐馆陶公主，为了女儿陈阿娇的幸福着想，就打算将女儿许配给刘荣，这样一来，刘荣即位后，陈阿娇就会成为皇后。可是当馆陶公主提出这门亲事时，却被心高气傲的栗姬当面拒绝，原因就在于，馆陶公主平时经常会物色一些美女送给汉景帝，这让受宠的栗姬感受到了威胁，因此一直对馆陶公主怀恨在心。

王娡听说这件事后，意识到这是自己改变命运的一次机会，于是就主动找到馆陶公主，与之交好，毕竟馆陶公主与汉景帝的关系非常好，在宫中拥有很大的话语权。馆陶公主见王娡为人亲和，于是就打算将女儿嫁给刘彻。有一次，王娡带刘彻去馆陶公主那里做客，席间，馆陶公主直接将四岁的刘彻抱在膝上，问他想不想娶媳妇，并且指了指位列左右的宫中女官，问他看中了谁，没想到刘彻直接摇头表示自己不喜欢这些人，接着馆陶公主指了指女儿陈阿娇，问他想不想娶。刘彻笑着说："好啊，如果我将来能娶阿娇做妻子，就会建一个由黄金打造的屋子给她住。"

馆陶公主大喜过望，于是就向汉景帝提出了自己的想法，汉景帝最终也同意了这桩婚事。这个时候，王娡与馆陶公主的关系变得更加亲密，而为了让陈阿娇成为将来的皇后，馆陶公主开始不断在汉景帝耳边说栗姬的坏话，同时称赞刘彻能力出众。汉景帝对栗姬的态度越来越差，而王娡与馆陶公主为了进一步扳倒栗姬，直接买通官员，让他们在朝堂上要求册封栗姬为皇后。汉景帝认为栗姬一定是迫不及待地想要掌管后宫，才会收买官员，一气之下直接将其打入冷宫，而刘荣也被废掉了太子之位。在那之后，馆陶公主不断为刘彻说好话，汉景帝于是将刘彻封为太子，王娡也受封为皇后，顺利登上了人生的顶峰。

王娡之所以可以改变自己的命运，一部分原因在于自己拥有远大的人生理想，另一部分原因则在于她找到了人生的"贵人"馆陶公主，成功借助对方的力量，逆风翻盘，成为人生赢家。从某种意义上来说，王娡是一个善于借力的人，懂得如何把握和利用身边的资源，为自己的生存和发展助力。

荀子在《劝学》中说道："假舆马者，非利足也，而致千里；假舟楫者，非能水也，而绝江河。君子生非异也，善假于物也。"真正优秀的人善于借助外力，要知道一个人的能力是有限的，总有一些事情是自己无法解决的，这个时候，就要积极整合自己身边的资源，看看身边有什么资源可以帮助自己顺利解决问题。

在借力的时候，我们需要注意两点：

首先，明确自己的目标，知道自己应该向谁借力，谁才是真正能够帮助到自己的人，什么资源才是自己最需要的，毕竟只有找到合适的目标，才能真正获得预期的助力。

其次，在借力时非常注重对时机的把握，因为只有在合适的时机去借力，才能够吸引和说服对方帮助自己，只有在合适的时机借力，才能够发挥出外部资源的最大效用。正因为如此，我们需要对所有影响事情发展和变化的关键要素进行分析，然后对局势做出精准的判断，最终选择在合适的时机出手。

吕不韦：挖掘潜力股巧妙布局，实现人生跨越

公元前262年，吕不韦到赵国都城邯郸做生意，在酒肆中偶遇一位气度不凡的年轻人，于是向人打听，结果得知这位年轻人竟然是秦国太子安国君嬴柱的儿子，名叫异人，是秦王留在赵国的人质。由于秦赵两国连年征战，异人一直受到赵人的刁难，常常吃不饱穿不暖。

身为商人的吕不韦立即想到一个主意，如果在异人身上进行投资，借助对方的身份，那么自己将来说不定有机会改变命运。毕竟在当时的社会环境中，商人的社会地位很低，如果能够从政的话，那么对整个吕氏家族都有很大的帮助。为了看看对方是否值得投资，吕不韦花费时间搜集了异人的相关信息，然后回到秦国询问父亲的意见。

吕不韦问父亲："投资农业，耕种收获，可以获得几倍的利润？"

父亲回答说："10倍。"

吕不韦又问："投资商业，买卖珠宝，可以获得几倍的利润？"

父亲答道："大概100倍。"

吕不韦于是说出了自己的疑惑："经营政治，拥立国君，可以获得几

倍的利润？"

父亲答道："无数。"

父亲的回答让吕不韦坚定了投资异人的决心，他几乎看到了异人日后将会帮助自己脱离商人的身份。不久之后，他返回邯郸，然后花了一大笔钱买通监视异人的赵国官员，终于找到接近异人的机会。在与异人见面时，吕不韦直接说道："我会想办法将您接回秦国，然后帮助您成为太子，甚至帮助您成为秦国的国君。"

异人非常高兴，当即承诺一旦自己成为太子、国君，将会报答吕不韦。得到异人的承诺后，吕不韦送给异人一大笔钱，让他结交赵国宾客，然后又拿出一笔钱去秦国游说，贿赂华阳夫人的姐姐，然后谈论异人的贤达和志向，谈论异人对安国君和华阳夫人的思念。

　　通过华阳夫人姐姐的牵线，吕不韦成功见到了华阳夫人，并劝说没有子嗣的华阳夫人去游说安国君，立异人为太子，这样也可以为自己以后谋一条生路。华阳夫人也觉得自己帮助异人成为太子，那么日后就可以依靠这份恩情在宫中保全自己的地位，于是开始在安国君面前吹枕边风。安国君即位后为秦孝文王，改立异人为太子。几年后，异人即位，他兑现了当初的承诺，封吕不韦为大秦丞相。而吕不韦依靠着异人，顺利从政，实现了社会地位大跨度的提升。

　　在吕不韦的投资中，最难能可贵的是，他可以在众多投资机会中选中一个潜力股，然后通过对对方能力、优势的挖掘，找到了改变命运的机会，最后在一系列精妙的运作下，吕不韦成功借助对方身上的优质资源获得了人生的大跨越。在整个过程中，与其说是吕不韦扶持了异人，倒不如说是在利用异人潜在的优势和能力为自己的发展做巧妙的规划，他所有的运作都是为了借助异人的资源和能力来改变自己的命运。

　　一个人要想获得更好的发展机会，要想获得更大的助力，往往需要挖掘很多优质人脉，一个人的优质人脉越多，所掌控的优质资源也就越多，他获得成功的机会也就越大。但是优质人脉往往不容易找到，因为人们通常会被限制在生活圈层之内，没有机会与那些更加优秀的人结交。而那些潜力股则不同，在没有完全成长起来之前，他们的能力和价值容易被人忽视，显得很普通，这个时候与之结交，不仅成本更低，而且难度更小，往往还可以获得更大的回报。

　　如何挖掘生命中的潜力股呢？

首先，要想挖掘到真正的潜力股，需要懂得提升自己的生活阅历，只有接触到更多的人，只有拓宽视野，才能更好地识别出那些潜力股。

其次，要与潜力股处理好关系，尽可能帮助对方解决各种问题，想办法强化彼此之间的情感交流，有条件的话应该为对方提供更好的发展平台、发展机会，推动对方快速成长，释放对方的价值。

最后，有条件的话，可以在不同领域里结交各种不同类型的潜力股，这样就可以让自己的社交网络更加立体、更加丰富。

与潜力股结交后，不要总是想着如何利用对方，不要总是想着如何让对方为自己服务，而应该加强联系，真诚沟通，平等相处，只有这样，才可以建立更为稳定、更为持久的关系。

曹操：名正才能言顺，借助名分加速事业发展

公元192年，治中从事毛玠向曹操提出建议："奉天子以令不臣。"毛玠认为曹操应该牢牢抓住汉朝皇帝这个关键人物，这样就可以借助天子的威望来号令诸侯。曹操听了觉得非常有道理，于是就等待机会接近汉献帝。

为了躲避战乱，汉献帝开始东迁洛阳，此时曹操就经常进贡一些食物和器具，以此来赢得汉献帝的信任。公元196年，曹操听从部下董昭的建议，向汉献帝进言京都无粮，最好到鲁阳去，在获得汉献帝的同意后，他直接将汉献帝迎接到许昌。不明所以的汉献帝还提拔了曹操，任命曹操为大将军，这个时候的曹操在朝中的地位高于一众文臣武将。不过，汉献帝很快发现一个问题，在进入曹操的势力范围后，自己慢慢沦为曹操的傀儡，只能听从曹操的摆布。

其实在公元196年，袁绍的谋臣沮授也曾劝说袁绍迎回汉献帝，这样就可以号令诸侯，但袁绍认为自己实力强大，根本不惧怕任何人，没有必要养着一个废物皇帝。就这样，曹操反而捷足先登。

曹操为什么要挟天子以令诸侯呢？原因很简单，曹操可以利用汉献帝的名望，对诸侯发布号令，毕竟那个时候，很多人还是忠于大汉王朝与汉献帝的，只要手握汉献帝这张王牌，曹操就可以合理利用这些人为自己扫清政治道路上的竞争对手。

而在控制住汉献帝之后，挟天子以令诸侯的威力开始显现出来。公元197年，袁术称帝，此前一直想要除掉袁术的曹操，看到时机成熟，于是借着汉献帝的名义，召集各路诸侯一同讨伐袁术，之前与曹操还是政敌的刘表于是宣布与曹操结盟，而袁术的下属孙策也趁机加入了讨袁大军。依靠着各路诸侯的协作，曹操最终消灭了袁术。

在官渡之战中，为了打败袁绍，曹操又故技重施，以朝廷的名义召集了刘表、马腾、马超等人，共同对抗袁绍，并且取得了最终的胜利。在进攻荆州和汉中地区时，曹操以朝廷的名义发兵，使得很多心向朝廷

的人纷纷倒戈，为曹操解决了不少麻烦。

尽管很多人都在批评曹操挟持天子的做法，但不得不说曹操是当时最为出色的谋略家，虽然一开始，他的实力并不强大，甚至在与袁术、袁绍等人的对抗中多次失败，但正是因为汉献帝东迁到许昌，才使得他把握住了人生中的关键人物。汉献帝没有实权，没有士兵，也没有粮草和武器，但是他拥有一个最大的资源，那就是名望和地位，只要他还是汉朝的皇帝，那他就具备强大的号召力和凝聚力。

从个人发展的角度来看，提升自我价值与影响力，往往涉及巧妙地利用或建立权威关系。正如历史上曹操通过控制汉献帝来增强自身的话语权和地位，现代人也常寻求权威支持以增强自身实力。在职场中，若想推动某件事，首要之务是获得上级或领域内权威人士的支持，以此提升提议的正当性与说服力，减少实施的阻力。

这个过程的核心，并不是单纯依赖外部力量的直接援助，而是确保个人行动或提议的正统性、合理性与权威性。因为，在他人眼中，这种权威性是信任的基础，能有效促进合作与支持。

为了个人取得更大成就，识别并借助具有权威和影响力的人物是关键——无论是希望在行业内建立个人品牌、提升专业地位，还是在团队中扩大影响力，或是在商业竞争中寻求突破，有策略地争取行业领袖、关键决策者或高潜力盟友的支持，都至关重要。

本质上，这是一种巧妙的"借势"策略。通过与权威人物结盟，个人能更有效地整合资源，拓宽发展路径，实现自我成长与超越。正如曹操的典故所示，善用权威杠杆，是成就非凡事业的重要法门。

　　然而，要真正把握关键人物，需注意几点：首先，人与人之间的关系具有互动性，要吸引并说服权威人物，需输出自己的价值，找到双方合作的共同利益点，或主动满足对方需求，确保双方可以合作共赢。其次，在寻求关键人物帮助时，应考虑如何平衡各方关系，不要破坏各方利益平衡。最后，在使用此类策略时，不能只重个人利益，还要坚守道德、法律和社会责任，确保所作所为合理合规，不违法，无道德污点，这样才能在竞争中赢得更多认同和支持。

刘邦：运用外力之道，巧施"黑白"双簧

萧何，汉初三杰之一，也是刘邦最为器重的人才，如果说张良的作用是为刘邦担当参谋和军师，韩信的作用在于领兵打仗，那么萧何的才能体现在后勤管理，没有萧何在后方的出色管理，刘邦就很难安心在前方开疆拓土，不断巩固和壮大自己的势力。

萧何是一个非常认真严谨的人，他精通律法，更是严于律法，为了帮助刘邦做好管理工作，他一直都在行政管理、制度建设等方面非常严格，无论是谁犯了错误、违反了纪律，他都会毫不留情地依法办事，即便是自己的亲朋好友违反了法律法规，他也会给予严厉的惩罚。正因为如此，很多人都不太喜欢萧何，认为这样的人太不讲人情，缺乏灵活变通的能力，但同时又畏惧他的铁腕治理措施，不得不按照规矩办事。

与萧何相反，刘邦是一个看起来偏向仁慈的人，他非常善于笼络人心，总是会在生活中给予下属很多的关怀和恩惠。不过也正是因为刘邦的宽厚，很多下属常常会做一些违反军纪的事情，尤其是刘邦的一些朋友和同乡，在参军之后经常不服从指挥，这让刘邦头疼不已，他并不希

望失去这些优秀部将的支持和拥戴，又担心他们会过度放纵自己，破坏军队的纪律。为了更好地管理这些人，刘邦就与萧何合作，其中萧何负责唱白脸，主要是利用各种制度约束部将，对违反制度和纪律的人给予严惩，而刘邦则负责唱红脸，调停萧何与其他人之间的矛盾。

比如，当某个部将擅自离开军营，萧何打算动用军法处置他的时候，刘邦就会站出来求情，请求萧何能不能先不要处置犯事的部将，将相关的惩罚措施记在账上，给这个部将一次戴罪立功的机会，如果这个部将在战场上奋勇杀敌，立下军功，就可以功过相抵。如果部将无法立功，到时候再惩罚也不迟。这个时候，萧何就会"网开一面"，给犯事的部将一次补救的机会。好不容易逃脱惩罚的部将自然对刘邦感恩戴德，同时也会在战场上变得更加勇猛，并且之后不会再次违反军纪。可以说，刘邦和萧何的一唱一和取得了一箭三雕的效果。

刘邦与萧何的默契配合使得刘邦阵营内的管理变得更加高效，而这就是典型的红白脸策略。所谓红白脸策略通常是指在谈判中，当彼此无法顺利说服对方，谈判容易陷入僵局时，谈判的某一方会安排两个角色与对方进行谈判，其中一个角色扮红脸，主要负责说好话、软话，沟通比较温和；另一个扮白脸，一般会表现出强硬的谈判姿态，不断给对方施加压力。

在谈判的时候，扮白脸的角色先强硬地表态，他们通常都咄咄逼人，寸步不让，让对方感受到自己的立场，同时不断施加压力，这些压力会让对方感到不适。就在双方的矛盾将要激化时，扮红脸的角色开始登场，直接与对方进行更温和的沟通，这样的沟通无疑会让对方松一口气，他们很容易被这种温和的、体贴的，甚至换位思考的模式吸引。而在经历前后两次不同的沟通后，对方就会对两种角色产生对比，并意识到一旦自己不能做出让步，那么肯定会回到继续与唱白脸的人对峙的僵化局面，为了逃避这样的压力，他们可能会在温和沟通的引导下改变策略，在谈判中适当做出相应的妥协。

从心理学的角度来说，一个人如果承受了巨大的压力，那么他往往期待着从一些压力更小的地方寻求突围，高压力会将他推向一些"低压区"，在红白脸转换的过程中，对方往往会丧失理性分析的能力，而这恰恰是红白脸策略的重要作用，也是谋划者乐于见到的结果。

想要让红白脸策略产生预期的效果，必须注意以下两点：

首先，在谈判时要把握分寸，控制好力度，尤其是安排唱白脸的角色时，一定要注意好力度，向对方施加压力的时候，应该展示自己的强硬，要积极施压，但是施压的同时不能给对方太大的压迫感。争执的时候千万不要上升到人身攻击，不要威胁对方，不要挑战对方的底线，以免引起对方的愤怒，这样就会直接导致双方的谈判破裂。

其次，在谈判时要注意把握红白脸转换的时机，在白脸强调自己的立场时，红脸不要急于登场说和，而应该注意观察对方的表现，等到对方难以招架，感到压力重重，或者双方的谈判陷入僵局时，红脸趁机登场，就可以有效缓和谈判双方的紧张局势，同时在缓解对方压力的同时引导对方做出让步。

铁木真：挖掘他人的需求，借助他人的力量

成吉思汗铁木真一生征战四方，将蒙古国的势力推向了一个巅峰，在这个过程中，他非常善于借力借势，每一次遇到强劲的对手时，他都可以找到一个强大的帮手来应对危机。比如，在统一草原的道路上，曾有三个强大的对手，在面对这些对手时，铁木真就选择通过结盟的方式来寻求外力帮助。

第一个对手就是蔑儿乞部，铁木真刚成婚没多久，部落就遭到了敌对部落蔑儿乞部的进攻，导致妻子孛儿帖直接被抢走。铁木真并没有意气用事，而是暗自决定先壮大实力，以便日后找对手复仇。

那个时候，铁木真每天都对着神圣的不儿罕山发誓："巍峨的不儿罕山啊，你像保护虱子一样保护了我，我实在惊恐不已。从此我每天早晨向你祈祷，每天祭祀你，子子孙孙永志不忘！"

铁木真知道蔑儿乞部实力雄厚，仅仅依靠自己的力量是无法复仇，更无法抢回妻子的，想要击败对手就必须联合其他部族的力量。于是他找到了父亲生前的好友王罕，希望他可以出兵帮助自己，王罕原本就

希望扩大自己的势力范围，更何况他本来就非常看好铁木真，于是两个人决定合作。当然仅仅依靠王罕的势力，想要击败蔑儿乞部还是有很大的风险，王罕也不敢轻易出兵。这个时候，铁木真想到了结拜兄弟札木合，向他提出了借兵复仇的请求，札木合很快同意出兵，他早就想着击败蔑儿乞部来扩大自己的势力范围。至此，铁木真、王罕、札木合形成了联盟。

后来，王罕起兵20000，札木合起兵10000，铁木真也起兵10000，盟军兵分两路，趁着夜色对蔑儿乞部发动袭击，毫无防备的蔑儿乞部很快被打散，首领也带着少数随从逃走。经此一战，铁木真不仅消灭了蔑儿乞部的主力军，救回了妻子，还成功壮大了自己的实力。

铁木真的壮大，让结拜兄弟札木合感受到了威胁，野心勃勃的札木合不能容忍身边有如此强大的对手，为了避免铁木真损害自己的利益，札木合率先出击，他联合泰赤乌部等13个对铁木真不满的部落，共30000兵力进攻铁木真，结果铁木真惨败。

为了一雪前耻，铁木真再次找到王罕，他知道王罕也害怕札木合一家独大，于是晓之以利害，让他再次和自己结盟。为了避免自己成为下一个被攻击的目标，王罕最终与铁木真合作，并先后打败了泰赤乌部与蔑儿乞部的盟军，以及由札木合临时组建的联军。

在铁木真成长壮大的道路上，他一次次与人合作，通过寻找彼此之间的共同利益来建立暂时的同盟关系，而铁木真也顺利借助外部势力击败强敌，并逐步成长为草原上的霸主。

聪明的人往往是出色的资源整合者，他们可以针对外部环境的变化，针对对手的变化，及时做出调整，合理调动身边的资源，从而寻求外部的助力。为了更好地拉拢帮手，就需要通过利益联结的方式组建同盟，或者借助利益关系进行暂时的合作。在这个过程中，人们最重要的就是找到让对方同意合作的筹码来迎合对方的利益需求。

以满足他人利益的方式进行合作，往往是不稳固的，但往往也是实用的，它可以在短时间内帮助人们找到助力，克服眼前遇到的困难。而随着利益的消失，双方的合作也会中断，这个时候，最聪明的做法不是纠结于要不要说服对方继续合作，而应该想办法寻找新的帮手。

一般来说，为了获得助力，人们需要做到以下几点：

首先，要了解周边的人，看看他们有什么需求，看看他们具有什么愿景，这样才有机会建立暂时的合作关系。

其次，在寻求他人帮助的时候，不要试图通过威胁他人利益来寻求合作，而应该保持平等合作的姿态，这样才能有效说服对方。

再次，在寻求助力的时候，要说到做到，尽可能赢得对方的信任，如果说话不算数，只懂得随口做出承诺，却没有能力兑现承诺，就会失信于人，以后真的想要寻求帮助，对方也不愿意合作。

最后，要注意一点：依靠利益结盟本质上是一种利益交换，这种交换方式非常实用，但并不意味着情感交流就可有可无，人与人之间想要建立更加稳定的合作关系，想要获得持续的、稳定的助力，就需要借助情感来稳固彼此之间的关系。

慕容垂：借助对手之力，助推自我成长

慕容垂是前燕文明帝慕容皝的第五个儿子，因为能力出众，战功赫赫，深得慕容皝的恩宠，甚至一度被认为是最有资格继承王位的皇子。太子担心这个弟弟会影响到自己继位，于是从中挑拨，让慕容皝对他产生了不满，加上前燕的大臣们纷纷站在太子这边，反对慕容皝让慕容垂继位，因此他最终失去了继任王位的资格。太子当政后，为了避免这个弟弟功高震主，威胁自己的统治地位，想要除掉慕容垂，在太宰慕容恪的力保下，慕容垂才幸免于难。

几年之后，新皇驾崩，太后以及太傅开始掌控朝政大权，两个人处处排挤慕容垂，退无可退的慕容垂干脆逃出前燕，直接投靠前燕的敌人前秦，要知道前秦对前燕一直虎视眈眈，双方一直摩擦不断。前秦的国君苻坚是一个能力很强的人，他非常欣赏慕容垂的能力，于是就将其留在身边。

后来前秦直接灭掉了前燕，而前秦的大臣们立即站出来上奏，让苻坚杀掉慕容垂，他们担心慕容垂会因为被前秦灭国的事情记恨在心，伺机复国。惜才的苻坚有些纠结，他打算继续观察慕容垂的举动。而慕容垂虽然知道大臣们密谋杀掉自己的事情，但是他并没有听从家人的劝告逃跑，而是非常冷静地留在前秦，就像什么事情也没有发生一样，因为他知道如果自己携带家人逃跑，很有可能会立即遭到前秦的追杀，在携带家眷的情况下，自己根本不可能跑很远。即便一家人有幸出逃，还能去哪里呢？前燕早就没有了自己的容身之处，到时候仍旧是走投无路，与其这样，还不如赌一把，留在原地。

一连好几天，慕容垂都没有什么动静，苻坚坚定地认为慕容垂忠于前秦，并没有逃跑的意思，于是将其留在身边予以重用。公元383年，

前秦与东晋发生了淝水之战，结果率领800000多万人的苻坚在这一战中败给了对方80000人的队伍，士气大伤，反而是慕容垂率领的30000精兵在战斗中完好无损。这个时候，慕容垂如果直接起兵造反，苻坚将会面临重创，慕容垂也有机会复国，但慕容垂并没有这样做，他知道前秦虽然在淝水之战中元气大伤，但实力还是在的，自己仅有的30000人还不足以击垮前秦的大军，所以他毫不犹豫地将自己的军队交给苻坚，苻坚对此非常感动，于是更加信任慕容垂。

由于前秦在淝水之战中大败，前秦内部开始出现分裂，前秦大将翟斌叛乱，这个时候苻坚没有多想，直接将30000人的队伍重新交到慕容垂手上，让他带兵平定叛乱。看到时机成熟，慕容垂直接率兵与翟斌合作，两个人相互配合反过来攻打苻坚，毫无防备的苻坚最终大败，而慕容垂也因此从前秦手里抢回了前燕的邺城。在这之后，慕容垂带领军队进入前燕，平定了内乱，然后顺利复国，建立后燕，自己也成了后燕的开国皇帝。

慕容垂是一个很有头脑的皇帝，他非常善于隐忍，也懂得如何借力。慕容垂选择与自己国家的敌人合作，利用敌人的信任谋取生存空间，然后伺机壮大实力，反攻敌人。从某种意义上来说，敌人有时候也可以成为最佳的合作伙伴，在这个问题上，慕容垂严格践行了这个理念，并制定了非常合理的竞合策略，而这种竞合策略虽然看起来有些矛盾，但在现实生活中很实用。

想要用好竞合策略，需要注意几个方面：

首先，寻求合作时，要明确对方需求，找到共同利益，这是合作的基石。可以通过参与第三方项目实现共同成长。

其次，为实现长远发展，个人应寻求优势互补，清楚自己的长处和短处，找到对方能提供的价值及自己能为对方带来的益处，如技术交换、资源共享等。

再次，合作的过程中应学会化解冲突，缓和分歧，把握合作机会，创造发展空间。除共同利益外，应与对方就合作原则达成共识，制定公平、透明机制，必要时可考虑建立紧密联盟。

同时，要明确合作与竞争的界限，知道在哪些方面可以合作，哪些方面需要保持竞争。涉及核心利益时，要坚守底线，不让对方触及核心资源或利益。

最后，要学会把握合作时机，根据利益需求和发展目标，选择合作或竞争的最佳时机。合作与竞争均服务于个人的生存和发展，并不矛盾。

第三章　众望所归，谋事者要会扩大影响力

陈子昂：借势造势，巧妙宣传

初唐诗人陈子昂满腹经纶，很有才华，更是写出"前不见古人，后不见来者。念天地之悠悠，独怆然而涕下"这样的名句，但即便这样一个大诗人，早年一直郁郁不得志，没有什么人欣赏他的才学，更没有人举荐他。他尝试通过科举考试入仕，但运气太差，两次科考都落第。郁郁不得志的他只能离开故乡，前往京城碰碰运气，希望可以找到施展才华的机会。但是在京城流落几个月，他也没有找到机会。

有一次，他在街上看到有人售卖名家胡琴，索价更是高达万两，一时间吸引了众多看客。但没有人知道这把胡琴是真是假，所以都不敢购买。这个时候陈子昂挤进人群，斥巨资买下了这把琴。不仅如此，他还当众宣布第二天要在长安宣阳里举办宴会，希望大家可以参加宴会，聆听他演奏这把胡琴。

这个消息很快就在整个京城传开了，大家都知道有一个年轻人花重金买了一把胡琴，还纷纷猜测这个年轻人一定出身贵族之家，所以第二天晚上纷纷赶往宣阳里。而陈子昂也如期举办宴会，并当众演奏了名曲，可是正当大家听得意犹未尽时，陈子昂突然将胡琴用力砸在地上，摔个粉碎，然后在大家惊诧的目光中，开始介绍自己："蜀人陈子昂，有文百轴，不为人知。此贱工之乐，岂宜留心。"这一番话说出口，人群中又是议论纷纷，大家不知道这个名叫陈子昂的人究竟有什么才能，竟然如此自大。大家都想知道陈子昂究竟有什么才华，而此时陈子昂直接拿出了自己写的诗分享给众人，大家都被他的诗句所折服。

接下来，整个京城都在疯传这件事，陈子昂的名声也越来越大，成为京城名噪一时的大诗人。

在日常生活中，人们常说一句老话，"是金子总会发光"。但现实是那些被掩埋在地下的金子，通常很难被人发现，如果它们不能自己想办法走出来，可能一辈子都难以得到发光的机会。就像陈子昂一样，如果不懂得自我营销，他的名声可能和他的诗句一样，会湮没在浩瀚的文化宇宙当中。

我们应该如何做好自我宣传的工作呢？

首先，要想办法引流，引流的方式有很多，对于个人来说，可以通过利益诱惑（分发奖品、给予优惠）的方式吸引大家的关注，可以借助平台（影响力强大的组织、品牌力突出的贵人）来吸引更多的人，也可以通过制造热门话题（导演一个大事件）来引流，这是吸引眼球的第一步，主要是为自己的营销工作做铺垫。

比如，陈子昂一开始并没有在大街上直接宣扬自己如何出色，或者告诉众人自己的作品如何出色，因为这样做没有什么意义，也不会有人相信，毕竟京城里名流众多，其中也不乏一些出色的诗人，他们拥有更大的流量，没人会关注默默无闻的陈子昂。所以陈子昂选择先制造一个热门事件，把动静闹大，名贵的胡琴、一掷万金、宴会，这些元素无一不是好的噱头。经过一番操作，他吸引了大批围观者，尽管这些流量不是冲着他的才华来的，但引流工作正式完成。

其次，在完成引流工作后，强化彼此之间的互动，设置一些更容易抓住他人眼球的项目，进一步提升大家的关注度。如果说第一步的工作是把人引过来，那么这一步的工作主要是把人留住，强化彼此之间的联系。

像陈子昂在进行到第二步时，并不着急展示自己的才华，而是按照事前的约定，在宣阳里大宴宾客，并开始了自己的乐器表演，通过娴熟的演奏技巧，把流量留住，并且尽可能吸收更多的流量。然后等到大家意犹未尽的时候，他设置了第二个吸引眼球的环节，那就是突然摔坏胡琴，以此来设置悬念。一把价值万两的胡琴说摔就摔，这无疑激发了大众的好奇心，此时，大家迫切地想要知道这个人是谁，他为什么要摔琴，摔的还是这样一把好琴，为什么他要抱怨自己没人赏识，他究竟有什么能力和背景……这一系列的猜测使陈子昂成为众人瞩目的焦点。

最后，在引流工作完成之后，要不失时机地展示自己的能力，证明自己的价值，满足大众的胃口和需求，并以此来塑造个人的品牌。

这一步通常是点睛之笔，也是个人品牌塑造的关键时期，需要掌控好节奏，不能操之过急，也不能拖沓，最好是表现得顺其自然一些。比如，陈子昂在完成了前期的引流和铺垫工作后，就果断拿出了自己的原创诗句，开始展示真正的才华。此时，在好奇心的驱使下，大家自然将他的诗句当作关注的焦点。在那之后，整个京师开始口耳相传，买琴人的故事与摔琴人的才华完美融合在一起，陈子昂于是顺利实现了个人品牌的塑造。

可以说，在整个宣传的过程中，无论是事件的安排，悬念的设置，还是节奏的控制，陈子昂都做得非常完美。陈子昂的宣传手法和谋略仍然适用于当今时代，而且人们可以将这种方法与时下最新潮的互联网工具、自媒体营销理念、共创模式结合起来，提升自我营销的效率。

吕不韦：智慧营销，从被忽视到被认同

战国末期，魏国有信陵君，楚国有春申君，赵国有平原君，齐国有孟尝君，这四位被尊称为"战国四君子"。当时已担任秦国丞相的吕不韦觉得秦国如此强大，自己身为秦国的丞相，不应该被他们比下去。于是，他召集了众多门客，共同编纂了《吕氏春秋》一书。另外，吕不韦编纂此书还有两大目的，一是期望它能成为未来秦王朝的政治纲领性文件；二是想借此机会著书立传，希望自己能效仿文人，名垂青史。

《吕氏春秋》是一部百科全书式的作品，它分为"八览""六论""十二纪"，内容广泛涵盖了当时社会的主要学术流派思想，以儒家学说为主导，以道家理论为基石，同时汲取了名、法、墨、农、兵、阴阳等各家思想学说作为素材，成功地将诸子百家的学说熔为一炉，形成了一部理论深厚的著作。

然而，尽管吕不韦邀请众多门客完成了这部著作，但当时的学术界和文化圈并不认同这本书的价值，也很少有人看过这本书。毕竟，吕不韦是商人出身，这在当时的文化圈中并不受到认同，这也影响了《吕氏春秋》的价值。

不忍心看到自己呕心沥血组织完成的作品受到冷落，吕不韦想到了一个绝佳的办法，那就是亲自举办一场声势浩大的活动。大家最初以为吕不韦会利用自己相国的身份为这本书做宣传，吸引更多的官员和贵族前来捧场，没想到吕不韦直接带着《吕氏春秋》来到了人流量最大、消息散布最快的咸阳城门口。

到了城门口，吕不韦命人将《吕氏春秋》拿出来，然后邀请围观的人翻阅，并且当众承诺：只要有人能够对书中的内容提出修改的意见，哪怕只是增加或者减少一个字，吕不韦就会立即赏赐他1000两黄金。

不到半天，消息就传遍了整个咸阳城。"一字千金"的消息也成了咸阳城那几天最热门的事件。而吕不韦则成功地将《吕氏春秋》传遍了整个咸阳城，并迅速扩散到秦国境内的其他地方。

从个人发展的角度来看，如何让自己的才能被更多人熟知并接受，以及如何构建一个强大的个人品牌，这些都是值得我们深入思考的问题。很多时候，个人的才能本身并不能完全决定其影响力，很多才华横溢的人，由于缺乏有效的推广策略，往往难以获得应有的关注和认可。

在个人成长的道路上，我们需要学会如何有效地展示自己的价值和能力，让自己在人群中脱颖而出。正如产品需要好的营销才能被更多人熟知并接受，我们也需要构建自己的个人品牌，并通过高效的营销手段来提升自己的影响力和竞争力。

吕不韦的故事为我们提供了宝贵的营销启示。他成功地将《吕氏春秋》传遍咸阳城，并迅速扩散到秦国其他地方，这一成功宣传的背后，是他对营销策略的深刻理解和巧妙运用。

吕不韦通过设置"挑刺"的互动环节，巧妙地吸引了更多的人参与到他的活动中来。这一策略提升了人们的参与感，为《吕氏春秋》打了广告。这告诉我们，在个人发展中，我们也应该注重提升他人的参与感，通过创新的互动方式，让他人更多地参与到我们的成长和发展中来，从而建立起更广泛的人际关系和合作机会。

吕不韦的营销策略还体现了"占领用户心智"的智慧。他通过高额的奖赏来刺激人们，成功占领了他们的心智。在个人发展中，我们也可以借鉴这一策略,努力打破他人对我们的质疑和否定,通过展示自己的独特价值和能力,让他们建立一种新的、对我们有利的认知。

最后,我们也应该意识到,好的营销策略需要建立在好的产品基础之上。同样地,我们的个人发展也需要建立在实力和才华的基础之上。只有当我们拥有真正的价值和能力时,我们的营销策略才能真正产生持久的效果,帮助我们在人生的道路上走得更远、更高。

伊尹：把握时机，展现自我价值，获得宝贵机会

伊尹是中国历史上一位极为特殊的人物，他是商朝的开国元勋，同时也是一位杰出的政治家、军事家和思想家，被誉为一代贤相，可以与吕尚、管仲相提并论。

伊尹有许多令人称颂的事迹。据说，他曾为了了解民情，亲自化装成平民，深入田间地头，与百姓同吃同住同劳动。这段经历让他深刻体会到了民间的疾苦，也为他后来制定一系列利民政策提供了宝贵的实践经验。

在辅佐商汤推翻夏桀的过程中，伊尹更是展现出了非凡的军事才能和战略眼光。他精心策划了一系列战役，巧妙运用地形和兵力优势，成功击败了夏桀的军队。同时，他还注重政治攻势和心理战术的运用，通过宣传商汤的仁政和德治理念，赢得了广大民众的支持和拥护。

最终，在伊尹的辅佐下，商汤成功推翻了暴虐无道的夏桀，建立了新的王朝——商朝。而伊尹也因其卓越的贡献和非凡的才华被后世誉为"商元圣"，成为中国历史上一位传奇的政治家和军事家。

令很多人想不到的是，取得如此辉煌成就的伊尹，原来是一个卑微的奴隶，他的日常不过是为主人商汤烹饪食物，然而，他却蕴藏着不凡的志向与卓越的才华。他深知自己身份低微，却从未甘于现状，始终怀揣着一个远大的梦想——以自己的智慧和能力辅佐君王，与君王共创辉煌伟业，名垂青史。然而，奴隶的身份如同沉重的枷锁，束缚了他的手脚，让他的才华无从施展。

为了实现心中的抱负，伊尹决定采取一种独特的方式接近商汤，引起这位未来君王的注意。他开始在烹饪时巧妙地"做手脚"，时而烹制出令人回味无穷的美味佳肴，时而故意让菜肴味道失衡，不是太咸就是太淡，以此来吸引商汤的注意。果然，商汤在品尝食物时很快察觉到了这一变化，心中颇为不悦，随即下令将所有负责烹饪的厨师召集起来，准备予以责罚。

这正是伊尹所期待的机会。在众多厨师之中，他从容不迫地站了出来，面对商汤的质疑与责备，他以一种超乎常人的冷静与智慧，缓缓道出了自己的见解："做饭不能太咸，也不能太淡，只有将作料放得恰到好处，吃起来才有味道。这和治理国家一样，既不能操之过急，也不能松弛懈怠。只有把握好分寸和时机，才能把国家治理好，国家也才能兴旺发达。"

商汤听后，大为震惊。他万万没有想到，一个身份低微的奴隶，一个平日里默默无闻的厨子，竟然能说出如此深刻而富有哲理的话来。这份洞察世事的智慧，让商汤对伊尹刮目相看，商汤当即决定解除他的奴隶身份，将其调至身边，担任谋士之职。

随着时间的推移，商汤越发意识到伊尹的非凡才能。他不仅有着敏锐的洞察力，更具备超凡的战略眼光与治国智慧。于是，商汤毫不犹豫地封伊尹为丞相，将国家的安危与未来托付于他。

大多数人可能和伊尹一样，没有什么背景，没有什么平台，想要受到他人的器重，想要获得展示自我价值的机会，往往非常困难，但真正善于谋事的人往往会利用一切可行的方法，利用一切可能有利的条件，为自己创造更好的机会。

在追求个人发展的道路上，保持强大的自信心是至关重要的。我们不应被当前的环境所束缚，即使面临如伊尹般身为奴隶的不利条件，也不应认为个人能力会因此受限。保持信心的目的在于提升个人的主观能动性。平时应注意展示自己的才能，推销自己，不要担心失败，更不要在遭遇失败时一蹶不振。一个能力出众的人，如果一直没有引起领导的重视，可以选择抱怨或自暴自弃，但这样做只会让自己的处境更加糟糕。想要改变困境，首先要对自己的能力保持强大的信心，坚信自己在不久的将来一定能够完美释放自己的价值和能量。在这种自信和乐观心态的驱动下，他会表现得更加积极主动，想尽办法将工作做得更加出色。

除了保持信心，还要具备变不利为有利的能力，要善于在不利的环境中挖掘有利于自己发展的因素。伊尹作为厨师，虽然职业上的限制使他无法接近商汤，但他很快发现了通过饭菜这一与商汤的联系来展示自己的机会。他巧妙地利用饭菜来接近商汤，并最终成功地引起了商汤的注意。这充分说明，在转变不利因素时，了解自己的优势和弱势至关重要。通过对优势的挖掘和劣势的深入了解，可以明确自己发展和突围的方向。

最后，要寻找到合适的突破口，真正把握住自己创造的机会。例如，伊尹在被商汤召见时，并没有直接说自己有多么出色，而是巧妙地通过饭菜作料多少的话题引申出国家治理的道理。因为他知道商汤是一个胸怀大志的君主，但苦于找不到更好的治国方针。伊尹稍加提点就引起了商汤的兴趣，再加上他奴隶的身份与治国才能形成了强烈的反差，使得商汤对他刮目相看。

真正的谋事者，在谋划事情的同时，更注重对人心的洞察与把握；真正的自我营销，也不仅仅是向他人宣告"我是谁"，更是向对方展示"我能成为你需要的那个人"。

商鞅：先做好调查再"推销"，谋定而后动

公元前361年秦孝公嬴渠梁即位，由于秦国国力弱小，中原的几个国家都看不上秦国，完全将其当成无足轻重的小国来对待。不仅如此，就连当时已经名存实亡的周天子，也对秦国的进贡挑三拣四。这让秦孝公很愤怒，他发誓一定要让秦国变得强盛，与其他六国平起平坐。

不久之后，秦孝公发布了求贤令，而这引起了商鞅的注意，不过，和其他有志之士不同的是，商鞅并不急于为秦孝公制定各种强国方针，而是先了解秦孝公的真实想法，毕竟求贤令只是一个招揽人才的策略，秦孝公有什么想法，谁也不得而知。正因为如此，商鞅入宫之后，采取了迂回战术，直接反其道而行之，在朝堂上先建议秦国学习道家的"无为而治"，以休养生息、宽刑简政的方式治国。接着他又提到了第二条建议，那就是让秦国学习鲁国，施行仁政，推行井田制。话刚说出口，朝堂上的官员纷纷摇头，认为商鞅不过是一个庸才，秦孝公也面色阴沉，直接甩袖离去。

实际上，商鞅一直认为秦国想要变得更强，就必须变法改革，但他

为什么不在朝堂上直接提出来呢？原因很简单，他根本不清楚秦孝公的为人，不知道他是否支持变法，是否具有战略眼光，是否具有变法的魄力和决心，是否具备持久的毅力。毕竟变法改革是一项大工程，会触动很多贵族门阀的利益，风险很大，楚国和韩国也曾有过变法，但是推动变法改革的那些能人最终都成了政治斗争的牺牲品，商鞅不得不考虑这些因素。

在不确定秦孝公的想法和决心之前，他不敢贸然说出自己的变法主张，而是降低了门槛，主张通过效仿和学习他国来壮大自身实力，而通过观察秦孝公的反应，商鞅大致了解了对方的真实想法。其实，在那个时代，治国理念基本上只有四种：第一种是道家的无为而治，第二种是儒家宣扬的"王道"，第三种是墨家推崇的"侠道"，第四种就是法家的"霸道"。墨家的学说往往被认为是不入流的，各国统治者都鄙视这种治国策略，适合秦国的只能从其余三种中选，而商鞅通过试探，就明白秦孝公对道家和儒家的治国方针不感兴趣，毫无疑问，剩下的就是法家的学说了，而商鞅正是法家的代言人，主张以法治国，他之所以一开始没有推销法家的学说，没有直接强调法家治国策略的优势，就是担心秦孝公无法真正相信他的说辞。

后来，秦孝公第二次召见商鞅，他觉得商鞅这个人虽然没有给出符合自己预期的治国方略，但是博学多才，可以委任一个官职。商鞅没有回应，而是对秦孝公说道："秦国占据渭水这样的大河，为什么渔业、制盐业、航运业都不发达？秦国土地肥沃，面积辽阔，可为什么土地连年歉收，老百姓连饭也吃不饱？"这一番反问，让秦孝公感到吃惊，商鞅的问题一针见血，也让秦孝公对他另眼相看。

眼看时机成熟，商鞅终于表明心迹，说出了自己改革变法的主张。虽然，齐国、魏国、楚国也曾有过法家的变法，但商鞅却表示这些变法行动没有从根本上让国家变得更强盛，而且这三个国家的发展形势、社会环境与秦国不同，具有很大的局限性，根本不值得秦国效仿。

经过一番表述，秦孝公对商鞅佩服至极，最终决定重用商鞅，而商鞅也顺利在秦国实施自己的变法政策，为秦国的强盛以及后来的统一六国奠定了坚实的基础。

商鞅的推广策略，我们可以概括为三个步骤：

第一步，通过多方探询或试探等手段，了解对方的需求、目标及方向。

第二步，紧抓对方的需求，即点明他人的痛点，以此吸引关注并创造机会。

第三步，借助创新与差异化策略，展现个人及个人主张的独特之处，满足对方需求，构建难以替代的竞争力。

商鞅的故事启示我们，在个人发展过程中，成功的自我推广不仅在于展示自身能力，更在于深刻理解并适应外部环境。通过创新与差异化，精准对接"市场"（无论是社会还是职场）的真实需求，从而实现个人价值的最大化。这要求我们深入挖掘并满足他人或市场的潜在需求，同时，构建并强化自身独特的竞争优势。

胡雪岩：做事先做影响力，先得名后得利

胡雪岩最初在创立胡庆余堂时，并没有什么知名度，很多人都没有听过胡庆余堂这个招牌，也不了解胡雪岩是什么人，因此很多人都嘲讽胡雪岩花费大量资金创立的胡庆余堂，并没有什么竞争力，尤其是和那些老字号药堂相比，更是缺乏竞争优势，可能很快就会被其他药堂挤出市场。

胡雪岩并没有因此生气，反而对大家的话重视起来，他知道自己要想在医药行业中立足，首先要做的就是积累人气和名气，钱可以先不赚，但名气必须快速积累起来。为此，他并没有急于四处营销，宣传自己的药如何好，而是先做了两件大事：

首先，胡雪岩制定了一条规定，那就是胡庆余堂出售的药物主要以乱世急需的救命药为主，这些药具有很大的市场，深受大众的欢迎。考虑到很多穷人根本买不起这类药，胡雪岩规定，凡是买不起药的，来胡庆余堂，可以免费获得救命药。

其次，胡雪岩规定，胡庆余堂将捐赠型药品卖给军队时，所有药品

必须按照成本价出售，这类药品是军队的常用药，用量很大，胡庆余堂必须尽量帮助军队节约开支。

这两条规定发布之后，药堂里的伙计非常不解，认为胡雪岩在做亏本生意，为了所谓名气而免费赠药、低价捐赠药物，只会拖垮胡庆余堂。可是胡雪岩看得很远，他觉得胡庆余堂要想在行业中生存下去，首先就要快速提升知名度，让更多的人认识这个药堂，从而方便药堂在市场上的扩张。

当时，经常会有灾民逃难到当地，而胡雪岩对患病的灾民非常热心，每次都免费赠药，此举为他赢得了很大的声誉，一时间大家都将胡庆余堂当成济世行善的好药堂，受到恩惠的穷人和灾民又将胡庆余堂的招牌传播到了全国各地。至于军营里，每隔一段时间都可以从胡庆余堂拿到上好的药物，而且价格很低，军官和士兵都对胡庆余堂很有好感，每次行军打仗都带着胡庆余堂的药，就这样，胡庆余堂的名声越来越大，很多军营都做了明确的规定：部队里只能出现胡庆余堂的药。

正因为坚持先赚名气后赚钱，短短几年时间，胡雪岩就使得胡庆余堂从一个名不见经传的药堂一跃成为当时顶级的大药堂。

胡雪岩的成功故事为我们提供了宝贵的启示。他之所以能够取得显著成就，关键在于他打造了一套独特的品牌营销模式。从他的行为来看，相比于短期的盈利，他更注重长期的品牌建设和口碑积累。他通过公益模式和低价策略，先建立起广泛的好评和信誉，再通过产品的赠送和流通来宣传自己的品牌，从而提升品牌知名度。这种做法不仅赢得了民间百姓的支持和认同，也获得了官方的青睐和助力。

对于追求个人成长和事业成功的人来说，胡雪岩的理念同样具有指导意义。真正善于规划职业发展的人，不会急于求成，也不会只盯着眼前的利益。他们明白，个人的品牌形象和影响力是支撑其职业道路越走越宽的基础。因此，他们更加注重长期的品牌塑造和影响力的提升。

具体来说，我们应该怎么做呢？

首先，自我定位是关键。明确自己的目标受众是谁，以及他们最需要什么样的价值和服务。深入了解目标受众的基本需求，可以帮助你更有针对性地制定个人发展策略。

其次，在个人品牌塑造的过程中，要对目标受众进行精准定位，并对你所提供的价值进行精准营销。思考一下，你能为对方提供什么独特的价值，而不仅仅是期待从对方那里获得什么。只有在目标受众中建立起良好的口碑，你才有机会拓展更广阔的职业发展空间。

　　最后，学习有效的营销策略也很重要。可以通过针对特定群体的公益行为或提供低成本的服务来赢得他们的好感和信任。这样做不仅能在特定领域内建立起良好的形象，还能通过口碑传播吸引更多潜在的机会和合作伙伴。

左思：学会借势，迅速成名之路

　　西晋文学家左思出身寒微，性格非常内向，不擅长社交，基本上没有什么朋友，而且他长相非常丑陋，常常被周围的人讥笑。与左思同一时代的潘岳是著名的美男子，他经常拿着弹弓在街上走，还引来很多女人的围观，大家甚至手拉手围着他转，这在当时是一段美谈。左思据说也曾效仿潘岳，拿着弹弓在洛阳城的街道上摆造型，结果很多女人手拉手围着他吐口水，嘲笑他"丑人多作怪"。

　　左思虽然相貌丑陋，不受女人欢迎，但他很有才华。为了赢得人们的尊重和喜欢，他一直都在认真钻研文学，创作了不少好作品，但是却没能获得大家的认同。后来，他耗费十年时间，写成了名篇《三都赋》，这篇足以让他跻身当时文坛一流文学家行列的文章，却没有什么人欣赏，不少人认为左思为人丑陋，根本写不出什么好文章，于是在鸡蛋里挑骨头，将《三都赋》说得一文不值。

　　受尽冷落的左思非常苦恼，于是就去找好朋友张华诉苦，张华看完《三都赋》后震惊不已，认为这是篇非常好的文章，但他一个人的评价无法改变当时人们对左思的看法，他们并不觉得《三都赋》是什么好作品。张华给左思出了一个主意，他让左思去找当时的著名史学家和医学家皇甫谧，将《三都赋》给皇甫谧看，然后让对方给《三都赋》写一篇序。皇甫谧看完之后惊为天人，对左思的才华钦佩不已，于是欣然提笔作序。

皇甫谧在当时声望很高，属于社会顶流人物，他的一举一动往往会影响其他人的言行，被他看重并为之作序的作品一定很出色。皇甫谧为《三都赋》作序的消息传开之后，立即引发了轰动，无论是擅长文学的、喜欢文学的，还是不喜欢文学的，一时之间都纷纷买纸抄录《三都赋》，因此，整个洛阳城的纸张供应严重不足，价格上涨了好几倍。而左思最终凭借《三都赋》跻身文坛，成了名震一时的大文学家。

左思之所以能从默默无闻走向文豪之路，很大程度上得益于他巧妙地借助了皇甫谧的个人魅力。皇甫谧作为社会名流，自带影响力光环，其言谈举止皆能引起社会广泛关注。张华建议左思寻求皇甫谧作序，正是利用了明星效应，通过皇甫谧的影响力来提升左思作品的知名度。"明星效应"这一营销术语，原本指的是商家邀请当红明星代言产品，借助明星的影响力来提升产品的曝光率和知名度，进而吸引更多消费者。

在个人发展层面，同样可以运用明星效应来推广自己的个人形象与品牌。具体可以参考以下的方法：

一、寻找导师或贵人。深入研究目标领域内的权威人士或知名人士，了解他们的背景、成就和影响力。主动与他们建立联系，可以通过社交媒体、电子邮件、行业会议等方式。展示自己的才华和潜力，寻求他们的指导和支持，甚至合作机会。借助他们的推荐或合作，提升自己的知名度和影响力，如同左思借助皇甫谧作序。

二、打造个人品牌故事。深入挖掘自己的成长经历、成功经验或独特见解，形成有吸引力的个人品牌故事。通过各种渠道（如社交媒体、演讲等）分享这些故事，吸引他人的关注和共鸣。强调自己的独特性和价值，塑造与众不同的个人品牌形象。

三、与社交媒体合作。寻找与自己领域相关且拥有大量粉丝的社交媒体红人。与他们建立合作关系，通过他们的平台分享个人内容，扩大自己的影响力。可以考虑互访、合作直播等形式，增加互动和曝光度。

四、参与活动。积极参与行业会议、研讨会、公益活动等，与知名人士同台交流。争取在这些活动中发表演讲、分享经验或参与讨论，提升自己的知名度和影响力。

　　五、精准定位与契合度。在选择合作伙伴或平台时，注重与自身价值观、专业领域的契合度。如同体育明星代言体育用品、科学家推广科技产品一样，选择与自己气质相符的"明星"作为助力。

东方朔：出奇制胜，用差异化让自己备受关注

东方朔是汉武帝时期的才子，在成名之前，他的生活一直穷困潦倒，而且长相也比较丑，根本无法吸引他人的关注。但他是一个非常自信的人，认为自己总有一天会出人头地，成为人上人。也正因为如此，他经常想办法推销自己。

汉武帝是一位有雄才大略的皇帝，自从登基之初，他就一直在积极选拔各种人才，还四处张贴榜文招贤纳士。东方朔看到榜文后非常激动，于是就打算向汉武帝毛遂自荐。当时全国各地有成千上万的人同时写信给汉武帝，主动介绍自己、推销自己。东方朔意识到，如果自己也和其他人一样写信，这些介绍信很可能会石沉大海，即便被皇帝看到，也不太可能引起皇帝的注意。

聪明的东方朔想到了一个怪招，他直接写了一封与众不同的信，这封信是由3000片竹简构成的，需要两个人才能抬得动。果不其然，汉武帝发现有人给自己写了这样一封介绍信，立马就产生了兴趣，先取来看。其实，信中的内容没什么特别的，东方朔谈到了自己的才华和文

采，谈到了自己高尚的品德和伟岸的身姿，就连眼睛比别人更有神，牙齿比别人更白更亮，他也一并写了进去。汉武帝看了几眼，觉得东方朔这个人太狂，不能重用，但想到这封奇特的信，于是破格给了东方朔一个候补名额。

虽然东方朔获得了一个不错的机会，但毕竟不是真正意义上的官，而且之后的几个月时间里，朝廷也没有安排什么职位给他，贫病交加的东方朔实在按捺不住了，于是主动找到宫里去。按照正常人的做法，东方朔应该找一个朝廷大臣帮忙引荐，或者在一些重要的场合发挥自己的才华，以此来获得朝廷的关注，但东方朔偏偏不走寻常路，为了尽快引起皇帝的注意，他找到了皇帝最宠幸的侏儒，然后告诉对方："皇帝对你

们的表演已经厌烦了，现在正想着杀掉你们这帮没用的人。"

侏儒吓坏了，于是立即找汉武帝求饶，汉武帝听说是东方朔从中作梗，就立即召见了他。面对汉武帝的问责，东方朔解释道："我之所以这样说，是因为自己快要饿死了。这些侏儒除了逗您发笑根本没有其他用处，我不明白为什么您对他们那么好，而我满腹经纶，有治国安邦的大才，大王却不愿意用我。既然如此，我也没什么可说的，只希望大王能够让我先吃一顿饱饭，然后再杀掉我。"东方朔一边慷慨陈词，一边模仿侏儒的动作，把汉武帝逗得哈哈大笑。汉武帝觉得东方朔是个人才，就赦免了他的罪，并封赏了他一个官职。从这一天开始，东方朔正式进入仕途，实现了自己最初的理想。

在古代，文人才子们为了施展才华，报效国家，往往都会选择自我推荐的方式。通常情况下，为了赢得统治者或者达官贵人的认同，给对方留下一个好印象，他们都会非常正式且庄重地提交自荐信或者推荐信。而东方朔却没有这样做，因为他知道全国各地肯定有很多文人才子都在这样做，而从众的一个坏处就在于多数人容易被人忽视，而且会让人产生审美疲劳，只有另辟蹊径，做一些与众不同的事，才有机会引起更大的关注，所以他直接洋洋洒洒写了3000片竹简的自荐信。从信息传播的角度来看，东方朔的目的是引起汉武帝的注意，至于这封信的内容怎么样已经无关紧要了。

同样地，为了见到汉武帝，并当面展示自己的才华，东方朔"不走寻常路"，直接以说假话的方式让侏儒帮忙带信，从而顺利见到汉武帝。

在这个过程中，东方朔的行为甚至称得上铤而走险，但最终也达到了自己的目的。

从个人发展的角度来看，差异化策略是实现脱颖而出的关键路径。这种策略的核心在于展现个性，与常规行为模式相区别，通过独特的技能、服务、定位或形象来彰显个人特色，从而获得更多的竞争优势和发展机会。

实施差异化策略，可以从以下方面入手：

一、技能和服务差异化。为了在职场或社交环境中吸引注意，需要培养并展现独特的技能。这可以是专业技能的深度掌握，也可以是跨界能力的融合，比如除了专业技能外，还具备良好的沟通技巧或团队领导力。这样的差异化能让个人在众多竞争者中显得尤为突出，满足特定情境下的独特需求。

二、定位差异化。应寻求一个与众不同的自我定位，当大多数人遵循相似的职业发展路径时，选择一条少有人走的路可以彰显独特的价值和魅力。例如，不同于追求传统职位，个人可以选择成为行业内的专家顾问或创新推动者，这样的定位差异能带来更多的认可和发展机会。

三、营销差异化。在个人品牌建设过程中，采用差异化的营销策略同样重要。这包括选择非传统的推广渠道，比如利用社交媒体平台展示个人成就和见解，以及创新营销方法，再如参与公开演讲来建立影响力。这些方法能够帮助个人以新颖的方式展现自己，吸引潜在雇主、合作伙伴或粉丝的关注。

综上所述，无论是职场发展还是个人品牌建设，关键在于突破传统框架，灵活调整策略，寻找并塑造独特的差异化优势。通过不断探索和实践，才能够在激烈的竞争中脱颖而出，实现自我价值的最大化。

刘备：通过身份包装凝聚人心

刘备是三国时期蜀汉的开国皇帝，也是一代英雄，但是刘备早年的生活并不如意，虽然他的祖父刘雄也曾被举为孝廉，做过东郡范令，但家庭生活并没有得到改善，而且刘备的父亲刘弘很早就去世了，导致原本就不富裕的家庭雪上加霜，少年刘备只能与母亲织席贩履，生活异常艰苦。

不过，刘备志向远大，希望开创一番惊天动地的伟业。东汉末年，皇室衰微，诸侯割据，群雄并起，刘备更是希望能够匡扶汉室，振兴汉朝。虽然理想很美好，但现实是残酷的，依靠织席贩履，他根本无法有所作为，毕竟想要做成大事，首先必须有自己的团队，只有手里有人，才可能依靠团队的力量闯出名堂。但如何才能吸引人才自愿投靠和跟随他呢？一般来说，想要吸引他人跟随自己，自身就必须有很好的条件，要么拥有很多的资金，要么拥有强大的社会背景和人际关系，可是这些东西，刘备一样也不具备。

既然刘备不像其他英雄那样有钱、有背景，那么他究竟如何组建队伍呢？

　　他想到的办法就是自我包装，赋予自己一个更好的身份，而最好的身份就是大汉宗亲。虽然刘备生活困顿，但是这并不妨碍他祖上的显赫，他是中山靖王刘胜的后代，于是开始打着中山靖王之后的旗帜招人。在初见关羽和张飞时，刘备就强调了自己皇室后裔的身份，并感慨自己有心杀贼，奈何实力不济，而这也是吸引关羽和张飞的一个重要原因，关羽毫不犹豫就选择跟随刘备，张飞更是散尽家财帮助刘备壮大队伍。到后来，他和关羽、张飞等人组建了一支反抗黄巾起义军的队伍，依靠的仍旧是自己汉室宗亲的身份。后来，靠着这个身份，他号召更多的有志之士和自己一同恢复汉室的荣光。

虽然刘备集团的实力比较弱，但这并不影响他打着皇亲贵胄的旗号，以维护自家江山的名义招人，重要的是，其他有实力的英雄也愿意认同他的身份。刘备后来投奔曹操、袁绍、刘表等人时，都受到了他们的重视，很大的原因就在于他高调包装和宣扬自己，具备很大的号召力和影响力，他们愿意利用这种影响力来满足自己的政治利益。

相比于董卓、袁绍、袁术、曹操、孙权等人，刘备的身份更加正统，更具说服力和号召力。在那个时期，虽然汉朝政权已经名存实亡，但仍旧是多数人心中的正统，而任何试图取代它的人都容易引发天下人的质疑，大家也会举着维护大汉统治的旗号群起而攻之。比如，董卓虽然贵为一方霸主，却强霸汉室，最终引发了众怒；袁术称帝也同样遭到了讨伐；至于曹操，他并没有胆量称帝，而是采取了"挟天子以令诸侯"的方式，借助大汉天子的旗号向诸侯发号施令。

"尊汉"本身就是一个最强有力的口号，刘备自然了解这一点，因此一直想方设法包装自己汉室宗亲的身份和匡扶汉室的口号，这样他不仅合理利用了自己的皇族后裔身份，还巧妙地利用自己的旗号站在道德制高点，让自己变成正义的化身。刘备在进入荆州和益州后，将其发展为自己的根据地，高举匡扶汉室的旗帜，聚集了一大批人才，然后开始与群雄逐鹿天下，最终称帝，建立蜀国，与曹操、孙权三足鼎立。

从个人发展的角度来看，刘备的自我营销策略为个体成长提供了宝贵的启示。他展现出了在塑造自我形象和宣传方面的卓越才能，通过巧妙设计自己的身份，成功地占领了他人的心智并增强了外界对自己的认同感。

刘备擅长引发人与人之间的共鸣。在包装自身形象时，他特别强调了自己的愿景和抱负，而这些恰好与当时许多人内心的想法和期待相契合，因此他赢得了他人的认同和支持。这一策略对个人品牌建设同样具有重要意义，即通过明确并传达个人的价值观和长远目标，可以吸引持有相同理念的人，形成强大的支持网络。

同时，刘备的自我包装策略也体现了他对时代痛点的精准把握。在群雄争霸的复杂形势下，他喊出"匡扶汉室"的口号，这一口号符合广泛的社会需求，特别是他作为皇族后裔的天然优势，进一步巩固了他的信任基础。对于个人发展而言，这同样是一个重要的启示：个体需要敏锐地洞察社会环境和他人需求，并据此调整自己的形象和行为，以满足这些需求，从而赢得更多的支持和机会。

总的来说，刘备通过巧妙的自我包装策略赢得了广泛的影响力和支持。对于追求个人成长和成功的人来说，借鉴并应用这些策略有助于他们在竞争激烈的环境中脱颖而出，实现自己的目标和梦想。通过赋予自己一个更拿得出手的身份和打造更加完美的个人形象，他们将获得更多的机会打响自己的知名度。

高益:"低调"营销，从默默无闻到扬名立万

高益是北宋时期的著名画家，尤擅工笔画，他经常会一个人观摩花鸟虫鱼，再认真描绘，看过他绘画的亲朋好友，都忍不住称赞他的绘画天赋，认为画中的动植物就像真的一样。虽然身边人都觉得高益的绘画水平很高，但奈何高益出身平凡，家里没有什么背景，不认识什么达官贵人，自己也只是一个普通的书生，根本没有什么名气，因此外边的人并不认识高益，自然也没有觉得他的画有多出色。

怀才不遇的高益内心非常苦闷，他迫切地想要让更多人见识到自己的画作，虽然街上有很多画家叫卖自己的字画，但高益并不想那样做，而且那种沿途叫卖的做法也不一定会让他成名。这个时候，他想到了一个非常好的宣传办法，那就是利用自己的医术治病救人，然后通过行医来宣扬自己的绘画。

其实，高益的医术并不是多么出色，他也不是什么名医，但是他非常熟悉各类草药，于是就想到了免费赠药的方式。每天早上，高益早早出门，然后坐在街边施药，而他送出去的药都是用自己所作的画包装

的，这样一来，拿走草药的人将高益手里的画作也一并拿回了家。

很快，大家就发现高益包药的纸非常特别，全部都是一些精美的画作，而这些画又都是高益自己画的，于是纷纷宣扬这件事情，就这样，高益借着给人免费送药的方法成功推销了自己的画作，让更多人认识到自己的绘画功力。

有一次，一个皇亲国戚听说有个画家免费赠药且用自己的画作包药的事情，就非常好奇地前来取药，高益没有多想，将草药赠送给对方，结果对方打开包药的画作，对其绘画水平赞叹不已，于是就开始收集高益的画作，并且到处宣传。自此，高益的名声越来越大，很多达官贵人都特意来找他作画。

高益的谋略在于他并没有直接宣扬自己的画作，而是采取了一种非

常隐晦的方式让更多人接触、认识到自己的画作。如果仔细分析，就会发现高益的做法非常巧妙——高益非常注重打造流量池，而流量就意味着市场，意味着销量，意味着品牌知名度。而如何才能引流呢？第一步，高益借助免费赠药的方式来吸引流量，毕竟免费的药物在当时很受欢迎，尤其是一些看不起病、买不起药的人，他们更是争先恐后来领药。第二步，高益将画作用来包药，无形中使得作品得以传播开来。更重要的是，用画作包药是一个非常好的营销噱头，没有人这么做过，因此具有很强的话题性，更容易让人关注到绘画本身。

在整个过程中，高益没有太多"用力"的痕迹，他没有高声宣扬，甚至连自己绘画的事情也没有宣传，而是巧妙地通过赠药的形式将自己的"产品"流入市场。从某种意义上来说，这和今天很多商家拿着自家的产品做公益活动一样，虽然商家没有明确宣传自家的产品，但产品与公益活动的结合本身就是一种很好的营销方式，可以提升产品的社会形象和知名度。这是一种典型的公益营销，它能够帮助商家与个人更好地俘获用户的情感，强化用户的精神价值消费，从而塑造一个有温度、有责任感的品牌形象。

就像高益所做的一样，假设高益只是免费赠画给路人，虽然一样可以将自己的作品扩散出去，但是估计画作很快就会被别人扔掉，而赠药则可以有效发挥公益作用，吸引更多的人，从而帮助自己的画作实现传播，公益的形式无疑能够提升大家对画作的认同感。

对于个人来说，无论是寻求职业机会还是推广个人品牌，都需要更多地考虑情感价值和精神价值的营销。过去，自我营销往往侧重于展示个人的专业技能、工作经验和成就，类似于产品性能营销，只是简单地介绍自己的"功效"和价值，而听众或潜在的合作伙伴往往是被动接受的一方。然而，随着社会的发展，自我营销不仅需要展现个人的实际能力和成果，还必须触及人们的精神层面，满足他们对故事、情感和价值观的共鸣。

在进行自我营销时，不仅要关注个人的经济利益或职业发展，还要重视给社会带来的正面影响，确保自己的行为获得好评，并借此塑造一个更加立体、有深度的个人品牌形象。这意味着，在个人成长的道路上，要学会如何将自己的故事、价值观与他人的需求和期望相结合，创造出一种超越单纯技能展示的、更加引人入胜的自我营销方式。

第四章 运筹帷幄之中，思维铸就人生巅峰

秦始皇：高度统一，统领全局

公元前221年，秦国消灭了六国中的最后一个对手齐国，最终完成了统一中国的大业，而秦朝也成了华夏第一个中央集权的国家。可是在灭掉六国之后，秦始皇很快发现了一个问题，那就是随着周王朝的衰弱和覆灭，春秋战国时期的诸侯国各自为政，不仅自己制定符合自身利益的国策，还推行了符合自己统治需要的文化、货币和度量单位，导致诸侯国之间的交流越来越困难，诸侯国也越来越封闭。

秦始皇统一六国之后，发现六国的文字、语言、货币、工具、车辆、称重等都不同，管理起来非常不方便，有时候秦始皇下达的政策和指令根本无法落实到位，因为下边的普通百姓无法理解政策说了什么。比如，一个简单的"马"字，在秦国、楚国、韩国、燕国、赵国、魏国、齐国写法都不一样，仅仅在齐国就拥有三种不同的写法，文字的差异使得整个秦国内部的沟通交流、政策实施、儿童教育、文书记载、档案翻阅都面临很大的问题。面对这样的情况，秦始皇果断做出调整，开始统一文字，一律用小篆书写，各郡县必须严格贯彻执行。

同样地，度量标准的不同也让秦始皇在管理国家时遭遇了很大的阻力，原先六国的臣民虽然也以尺度来量尺寸，但是不同国家的同一尺度之间有时候竟然相差0.6厘米，这样一来，秦国统一六国后，内部的度量工作就无法正常进行，很多时候都会出现偏差。至于称量工作更是混乱，那个时候，齐国人仍旧以升、豆、登、种为单位，而魏国人则习惯于用益、斗、斛作为单位，楚国人一直使用天平砝码，将铢、两、斤作为单位，这样一来，大家在做生意的时候，就面临很大的问题，常常会因为称重问题而产生分歧，严重阻碍了内部的贸易，对国家经济产生了很大的伤害。为此，秦始皇进行改革，把长度单位定为寸、尺、丈、引，实行十进制，十寸为一尺，十尺为一丈，十丈为一引。接着将计量单位定为龠、合、升、斗、桶，也是十进制。称重单位则用铢、两、斤、钧、石来表示。计量单位与称重单位之间还有明确的换算公式。

为了推动贸易，秦始皇还废除了各国的刀币、圆钱、铜贝、布币等不同形式的货币，统一设定为圆形方孔钱和黄金。

除了文字、度量衡、货币之外，秦始皇还统一了车轨，因为六国的车在设计上都不同，车的轨道完全不一样，导致道路上的车辙也不同，这样就带来了驾车出行的不便，在不同的道路上往往需要换乘不同的车。在过去，六国会故意设计不同的车轨，以此来阻挡外敌驾车入侵，而秦国统一六国后，这些不同宽度的车轨就成了一个大麻烦，为了改变这一现象，秦始皇规定车辆两个轮子的距离一律为六尺，以确保车轮轨道的统一。

很多人认为只要依靠强大的军事力量，秦始皇就可以管理好国家，让六国百姓臣服，但管理国家和打仗并不是一回事，秦国可以打败六国，但是想要管理好国家，必须在政治、文化、生活、军事方面多管齐下，这样才能实现真正的统一。

作为一代伟人，秦始皇看得非常长远，认为只有做到管理标准化和统一化，才能真正保持国家的长治久安，才能让国家的运行效率越来越高。从某种意义上来说，他是一位优秀的管理者，在治理国家这个大团队时，他并没有将管理等同于权威，而是巧妙地制定了非常严格的制度，通过标准化和统一化的管理模式来治理国家。因为他明白短时间内可以依靠威压让所有人都听从自己，但是这种方式对于秦国的长远发展来说没有任何好处，想要真正实现更长远的发展，想要让一个国家更加稳定，更加高效运转，就需要建立起合理的制度，来规范和统一所有人的行为。

这个故事对个人成长和发展在统筹、整体和全局能力方面有深入的启示：

秦始皇在统一六国后面临的是一个错综复杂、千头万绪的局面。文字的多样阻碍了思想的交流与政令的推行，度量衡的差异破坏了经济的正常运行，货币的混乱制约了贸易的发展，车轨的不同给交通带来极大不便。然而，秦始皇没有被这些看似无解的难题所困扰，而是展现出了非凡的全局把控能力。

他以高瞻远瞩的目光审视全局，不局限于单一问题的解决，而是从国家治理的整体架构出发，全面系统地思考各个方面的关联和影响。他深知，文字的统一不仅是交流的需要，更是文化融合和国家认同的基础；度量衡的规范不仅关乎经济秩序，更是公平公正的体现；货币的统一不仅促进贸易流通，更是国家经济稳定的关键；车轨的一致不仅方便交通，更是国家一体化发展的必要条件。

这种全局把控能力对我们个人的成长和发展具有深刻的启示。在个人生活中，我们常常会面临各种复杂的情况和多元的选择。例如，在职业发展道路上，我们不仅要考虑当前的工作需求和技能提升，还要着眼于行业的整体趋势和未来的发展方向。不能仅仅满足于完成眼前的任务，而要从职业生涯的整体规划出发，统筹考虑各个阶段的目标和发展策略。

在学习方面，不能孤立地对待每一门学科，而要明白不同学科之间的相互关联和相互促进作用，从知识体系的整体构建出发，制订全面的学习计划，以提高综合素养。

在人际关系处理中，不能只关注与个别人的交往，而要从社交网络的全局着眼，理解人与人之间的复杂关系，统筹协调各种关系，营造良好的社交环境。

此外，在面对生活中的各种挑战和机遇时，我们要有秦始皇那种全面分析问题、统筹各种因素、把握整体方向的能力。只有这样，我们才能在复杂多变的环境中做出明智的决策，制定出系统有效的解决方案，实现个人的长远发展和目标，避免因局部而忽略整体，最终达到个人成长和发展的最佳状态。

诸葛亮：把握天下大势，寻找立足点

公元207年冬至208年春，当时驻军新野的刘备在谋士徐庶的建议下，三次到隆中拜访诸葛亮。在第三次拜访的时候，刘备一行人如愿见到了诸葛亮，求贤若渴的刘备立即向诸葛亮请教复兴汉室的方法。

诸葛亮于是为刘备分析了天下形势，他认为，北方的曹操实力最强，任何人想要在北方发展自己的势力，都会非常困难，曹操是当时最强的割据势力，绝对不能轻视。而东吴的孙权，占据着优越的地理位置，物产丰饶，战略物资储备不可小觑。而江东之地的民众非常团结，战斗力强悍，实力虽然比曹操弱一些，但也是一个强悍的对手，刘备应该努力与之结盟，用来对付曹操。诸葛亮认为刘备想要在北方和东吴发展自己的势力，基本上不可能，只能选择其他地方，而荆州就是一个非常好的立足点。不仅如此，诸葛亮还为刘备设计了一张战略蓝图。

实施战略蓝图的第一步就是取荆州，诸葛亮认为荆州地理位置优越，向北可以控制汉水与沔水流域，物资非常丰富，可以用来休养生息，壮大实力，而且此地交通非常便利，可以发展水路运输，还能够作为天然的屏障抵挡外敌；荆州地区向东则连接富饶的吴郡和会稽郡，向西又直通易守难攻的巴蜀，可以说它是一个战略要地，千万不能被别的竞争者抢先一步，必须想办法先占据荆州。

第二步就是通巴蜀，取益州。益州在今天四川、重庆一带，四周被险峻的高山环绕，中间则是一片广阔肥沃的土地，这个地方物资非常丰富，而且易守难攻，自古以来就是成就霸业的理想基地。在攻占荆州之后，要想办法快速占领益州，这样就可以找到一个好的发展基地，与曹魏、东吴形成三足鼎立的局面，并在乱世中做到进可攻，退可守。

第三步就是强化内外管理，复兴汉室。在占领荆州和益州地区之后，刘备必须利用自己汉皇后裔的身份，广泛招揽不同的人才，举贤任能，同时稳定内部的治理，大力发展经济，提升自身的实力。此外，刘备还必须积极联合西南地区的少数民族，维持内部统治的稳定，对外则要与东吴的孙权结盟，共同对抗强大的曹操。在维持内外稳定之后，就要等待时机，一旦天下局势发生变化，刘备就可以兵分两路，派遣精锐部队从荆州出发，沿着南阳、洛阳方向前进，进攻中原地区。另一路人马直接由刘备带领，出益州，直取关中地区。这样一来，刘备就可以凭借天时地利人和，给曹魏政权猛烈的冲击，实现复兴汉室的目标，并且建立一个稳固的政权。

在个人发展中，我们也可以借鉴刘备与诸葛亮的策略：

一、明确目标与定位。就像刘备寻求复兴汉室一样，个人在发展中也需要有明确的目标，了解自己的职业愿景和长期目标，这是制定个人规划的基础。

二、制定与实施战略。诸葛亮对天下形势的分析启示我们，在个人规划中，要先认清自己所处的环境和行业趋势。基于这样的认识，我们可以更明智地选择适合自己的发展领域，也就是在行业和市场中找到自己的定位。一旦定位明确，我们就可以像诸葛亮为刘备设计战略蓝图那样，制定一套清晰的个人规划战略，包括实现目标的步骤和所需资源。同时，我们也要学会制定短期和长期的目标，并设计实现这些目标的路径，保持灵活性，根据实际情况调整策略。

三、积累与利用资源。刘备通过招揽人才、发展经济、联合少数民族和孙权等方式，积累了实现目标的资源。在个人职业发展中，我们也需要不断积累资源，如技能、知识、人脉等，并利用这些资源来提升自己的竞争力。

四、强化内外管理。诸葛亮指出，占领荆州和益州后，务必加强内外管理，包括稳固内部治理、推动经济发展、增强实力，并维护与外部的良好关系。同样，个人发展也需注重自我管理，要求我们不断提升专业能力、沟通能力、领导能力等，也涉及外部管理，如注重个人品牌的塑造与维护。

汉武帝：拥有全局思维，做出更优决策

在西汉时期，实力强大的匈奴经常来犯边境，严重威胁了汉朝边境的安危以及政权的稳定性，历经文景之治后，汉朝实力越来越强大，汉武帝时期，汉朝开始打算对匈奴发动战略反攻。

有一次，汉武帝从匈奴俘虏口中了解到一件事：匈奴西部有一个国家叫大月氏，这个国家屡遭匈奴的侵犯和掠夺，就连国王也被杀死，国王的头颅还直接被匈奴单于当作饮酒的器皿，为了躲避匈奴人的侵扰，他们举国迁往伊犁河流域，但是他们一心想着复仇。这个时候汉武帝产生了一个大胆的想法，那就是派遣使团前往大月氏，希望与对方共同对抗匈奴，双方分别从东西方向夹击匈奴，使匈奴陷入绝境。

公元前138年，张骞奉命出使西域，但不幸被匈奴人俘获，被困十余年方才逃回汉朝。张骞回国后带回很多重要的信息，包括西域的地理、文化、政治状况，为汉朝日后的外交活动和军事活动提供了重要的情报。

后来，卫青与霍去病等名将带兵数次大败匈奴，至此匈奴一蹶不振，这个时候，汉武帝安排张骞第二次出使西域，当时很多人提出了反

127

对意见，认为匈奴人已经被打跑了，再也无力发动战争，汉朝没有必要浪费时间和资金开展第二次出使西域的活动。但是汉武帝却驳斥了这些人肤浅的想法，匈奴人虽然被打跑了，但是并没有被完全消灭，汉武帝必须加强与西域各国的交流，团结他们的力量，共同牵制匈奴。

而且相比于军事行动，他有着更加伟大的规划。因为张骞在第一次出使西域的时候，发现西域人非常喜欢汉朝的瓷器和丝绸，如果能够将丝绸和瓷器卖到西域诸国，汉朝就可以在贸易中获得巨额利润，此外，汉朝也可以从西域进口香料和宝石。可是由于丝绸之路危机重重，很多商队常常会遭遇不测，严重影响了贸易，汉武帝希望第二次出使西域时，可以加强各国的和平往来，从而开辟一条稳定的贸易通道。

除了贸易之外，汉朝也希望向更多国家展示自己的实力，希望汉朝的文化可以流传到更远的国家，这对汉朝国际地位的提升将有很大帮助。

很明显，汉武帝试图通过第二次出使西域，打通汉朝与西域的通道，加强贸易，推动彼此之间的文化交流，从而进一步拓展汉朝的影响力。可以说这样的规划无论是从政治、经济、文化，还是军事的角度来说，都具有重要的战略意义，而这样的战略高度恰恰证明了汉武帝的雄才伟略。

从个人成长的角度看，专注于当前工作确实能带来短期的成就和满足感，比如获得晋升、加薪或是完成某个项目的喜悦。然而，从长远来看，仅仅停留在当前工作的层面是远远不够的。真正对个人发展起到决定性作用的，是战略眼光和大局观。具备战略眼光和大局观的人不仅能够看到眼前的任务和目标，更能洞察到行业趋势、市场变化以及更广阔的职业发展路径。这样的人，在职场中往往能够走得更远，实现更大的成就。

那些优秀之人之所以能够脱颖而出，正是因为他们具备超越日常、着眼未来的能力。他们在制订和实施计划时，不仅仅考虑单一的目标或任务，而是从全局的角度去思考问题，考虑各种因素的影响。这种全面的思维方式，使他们在面对复杂多变的环境时，能够迅速做出正确的决策，并始终保持清晰的方向感。

汉武帝的故事给了我们很大的启示。在个人发展中，我们也应该设定长期目标，并制订策略性的行动计划。只有这样，我们才能在职场中保持持续的动力和方向感，不断向更高的目标迈进。

同时，汉武帝的规划还涉及了政治、经济、文化、军事等多方面，这体现了全面考虑问题的重要性。在个人职业规划中，我们也应该综合考虑各种因素，如技能提升、财务管理、人脉拓展和个人品牌建设等。只有这样，我们才能实现更全面、更持久的成功。

最后，汉武帝开辟贸易通道，推动汉朝与西域的文化交流和贸易发展，展现了对未来趋势的敏锐洞察。在职场环境中，我们也应该学会预见行业趋势和未来变化，并据此调整自己的职业规划。只有这样，我们才能始终保持竞争力，在快速变化的环境中立于不败之地。

丁谓：谋划全局，进行系统化管理

宋真宗时期，汴京城发生了重大火灾，半个皇城都在大火中被焚毁。大火熄灭后，宋真宗让人重新修建皇宫，可是一连任命好几个大臣来管理重修皇宫的工作，效果都不理想。原因很简单，大臣们都知道这是一项非常艰巨的任务。首先，大火焚烧之后，整个皇城必须全部拆除，而大量的建筑垃圾会成为一个大麻烦，想要将这些建筑垃圾运送出去很困难，而且耗资巨大。其次，想要建造宫殿，就需要大量的砖块、石材和木头，想要运进来同样耗时耗力。

无论是建筑垃圾往外运输，还是建筑材料往内输送，都是个大工程，会成为一个很大的财政负担，皇上不可能出那么多钱，更何况那么大的材料运输工程需要耗费大量人力物力，整个京城也难以抽调那么多人，因此大臣们都在为此感到头疼，一旦处理不好，可能会触犯天威。就在这个时候，大臣丁谓站出来揽下了重新修建皇宫的大工程。

为了节省开支，提升项目推进的速度，丁谓运用了系统化管理的方法，他从整个工程的大局出发，将垃圾和材料的输送问题放在一起考量，最终设计出了一套非常高效、合理的方案。首先，他命令施工人员将皇宫前的三街九衢挖成很深的沟壑，然后利用从沟壑中挖出的泥土就近烧砖。等到砖块烧制成功之后，他又让人将皇城附近的汴水引入沟中，成功打造了一条条人工渠道，而依靠这些人工渠道，工匠们就可以直接将外地的建筑材料从水路运进来。

随着工程渐渐接近尾声，重修皇宫所需的建筑材料也顺利运到工地上，此时丁谓又让人将大火中产生的建筑垃圾全部用来填补挖出来的人工渠道，这样就顺利解决了垃圾处理的问题。面对复杂的工程，丁谓直接通过简单的挖沟就解决了所有问题，将烧制砖块（挖沟取土）、运送材料（引水入渠）、建筑垃圾处理（填补沟渠）完美结合起来，将复杂的工程变得更加简单、高效，而且极大地节约了成本。

丁谓之所以能够顺利完成这项工程，主要原因在于他思维缜密，遇事并没有停留在事情表面，也没有孤立地看待工程中的每一个环节和事项，而是站在更高的高度上，用全局思维来看待问题，这样就能够清晰地了解不同事项、不同环节之间的联系，然后进行完美规划，确保每一个事项都可以得到合理的解决。

这是典型的系统化管理思维。简单来说，系统是由相互作用和相互依赖的若干部件或要素构成的具有特定功能的有机整体。而所谓系统化思维，是一种构建工作价值链的方法，每个岗位都有自己的价值链，要体现岗位价值，就得在各个环节上下功夫。所以，管理者必须系统地安排工作，找出核心任务，明确哪些工作能创造更多价值，还要弄清楚价值链上的重要环节。

丁谓在重修皇宫时，就找到了工作的核心：挖沟。通过挖沟来寻找和明确工作价值链，挖沟就获得了制砖所需的泥土，挖沟形成了可以运输材料的水渠，挖沟很好地处理了在大火中产生的建筑垃圾，可以说丁谓巧妙地利用挖沟这个工作，确保所有相关的工作都具有价值。管理的最终目的就是尽可能最大效率地利用资源来实现某一个既定目标，其中包括资源的合理分配、流程的精准设计、各个要素的完美组合，而丁谓就做到了这一点，他将挖沟的用处最大化了，确保整个项目得以快速推进。

系统思维本身是一种从整体、全局、联系的角度出发，对事物进行全面分析和综合考虑的思维方式，在运用系统思维的时候，往往强调事物各个组成部分之间的相互联系，以及这些联系对整个系统功能会产生什么影响。

要用系统性思维做好一件事，可以参考以下步骤：

首先，要从宏观层面把握整体，明晰事件的整体结构及各个组成部分，包括其涵盖的要素、步骤和流程。

其次，谋划者需细致剖析每个要素和组成部分。明确完成这些部分所需的条件，自身能否达成，以及投入与产出的比例状况。

最后，谋划者要深入探究不同要素和部分之间的关联。甄别哪些部分的工作是冗余的，哪些部分会对其他部分造成影响及影响的方式。

值得注意的是，在用系统思维探究各部分之间的联系时，应更多考虑动态的互动与联系，以发展的眼光看待各部分的变化和互动，不可采用静态分析的理念，如此方能真正找到高效解决问题的途径。

沈启：做好两手准备，提升应变能力

明世宗有一次准备巡检楚地，地方上的官员听说了这个消息，于是着手准备相应的接待工作，可是明世宗直到出发也没有决定走陆路还是水路，身边的人也拿不准主意，至于南京的地方官员就更不清楚了。这种不确定性给地方官员带来了很大的压力，也给他们的接待工作带来了很大的麻烦，其中一个重要的原因就是如果皇帝要走水路，地方上就要准备楼船供皇帝出行，而楼船造价不菲，会成为地方上一笔很大的开销，可能会导致地方政府财政亏空。更重要的是，一旦皇帝决定走陆路，那么楼船就白造了，南京会平白无故会增加一笔巨大的开支。大家都希望皇帝走陆路，可是如果皇帝走的是水路，而楼船没有准备好的话，可能会惹得龙颜大怒。

南京大大小小的官员都拿不定主意，于是就去问尚书，尚书也觉得这件事情不太好办，无论造船还是不造船都有巨大的风险，他只好又去问工部主事沈启，看看他有什么好办法。沈启得知事情的原委后，立即做出了部署，他让南京的官员做好两手准备：一拨人负责做好陆路的接待工作，为皇帝的出行做好充分的准备，包括住在哪里，吃什么，安排什么人接待和服侍；另一拨人则负责水路接待事宜，他们需要将本地的船商全部召集起来，让所有人直接准备好制造楼船所需的木材，然后一个个留在江边待命，只要京都有消息传来说皇帝走水路，大家就加紧赶工，制造出楼船。

为了保证万无一失，地方官员应该安排驿使侦察皇上所行的路线，然后精确估算皇帝到达南京的时间，船商们只要在这段时间内制造出楼船即可。不仅如此，沈启还要求地方官员对船商做出承诺：如果皇帝选择乘船，那么所有造船的钱都由官府来出；如果皇帝决定不乘船，那么官府要将所有的木材退还给船商。

听完沈启的安排，大家都觉得很满意，这样既安排了陆路接待，也安排了水路接待，从而有效应对不同的局面。后来，皇帝并没有走水路，因此南京官员松了一口气，没有浪费大量财力、物力、人力来制造楼船。

在日常生活中，人们也常常遭遇类似南京官员的困局——很多事情让人难以抉择时，尤其是在无法确切了解他人想法，也无法预测未来走向的情况下，做决定变得尤为棘手，容易使人陷入纠结之中。为了更有效地应对这样的困境，个人在行事时可以采取一种更为周全和多维度的策略。

比如，在寻求合作机会时，不应将所有希望寄托于单一的大客户，而应积极寻找并培养潜在的合作伙伴。这样做的好处是，一旦与大客户的合作遭遇瓶颈或意外变故，便能迅速转向其他备选方案，确保业务的连续性和稳定性，不会因为一个点的失败而导致整个局面的崩溃。

面对问题解决或项目规划时，应学会构建多元化的应对策略。这不仅仅意味着要准备针对最可能结果的常规方案，更重要的是要设想并规划非预期结果的应对措施。在制订任何计划时，既要覆盖可预见的情形，制定详细的执行步骤和时间表，也要为不可预知的变数预留空间，设计应急方案。这样做可以增强对突发事件的应对能力，确保即使计划出现偏差，也能及时调整并回到正确的轨道上。

实施这一策略，首先要求个人具备强大的规划与预见能力，明确自己的发展路径和目标，识别潜在的挑战和障碍，并制定具体的解决方案和行动计划。这需要不断地学习和实践，提升自己的分析能力和判断力。其次，建立应急机制至关重要。即使面对低概率风险，也应有所准备，不能掉以轻心。同时，还要考虑各种外部因素的干扰和影响，制定相应的缓解措施和备选方案，确保在任何情况下都能保持一定的灵活性和应变能力。最后，制定策略的同时，必须确保有足够的资源支持。无论是时间、金钱还是人脉关系，都需要在事前做好充分的准备和积累。这样在面临挑战和危机时，才能有足够的底气应对，保持对局势的控制力，不会因为资源的匮乏而错失良机或陷入困境。

李冰：洞察全局再行动，就能做到一举多得

　　四川有一条河叫岷江，岷江发源于四川省西北部，从源头开始到成都平原，河流的垂直落差非常大，因此每年雨季来临时，江水就会泛滥成灾，导致整个成都平原被淹没。可是到了枯水期，河水又变得很少，河道里的水根本无法缓解平原的干旱。岷江的这种特性，使得它对成都平原的农业发展乃至整个平原的社会经济发展极为不利。

　　正因为如此，人们都希望治理岷江，以减少水灾和旱灾的发生。公元前256年，秦国蜀郡郡守李冰及其子开始兴修水利，在岷江主持建设都江堰水利工程。在建设这一工程之初，李冰父子就长期考察岷江的地理位置和特性，然后做了全局性的规划，为了做到防洪、灌溉一体化，整个都江堰水利工程包括渠首和灌溉水网两大系统，渠首则包括著名的鱼嘴分水堤、飞沙堰溢洪道和宝瓶口进水口三个大工程。

　　首先，李冰在查看地形后，在岷江中心修筑鱼嘴分水堤，将岷江分为内江和外江，江水分流的比例为4∶6。在雨季到来时，外江负责泄洪，将大部分洪水泄掉，确保成都平原不会被大水淹没。而到了枯水

期，河水会沿着内江进入成都平原的灌溉水网，用于农田灌溉。

但仅仅修筑鱼嘴分水堤还是不够的，因为发洪水时，往往会挟带大量泥沙，这些泥沙会沉积在河堤，抬高河床，导致洪水越来越大，因此如何避免泥沙沉积也是一个需要解决的问题。为此，李冰在内江一侧建造了飞沙堰，由于堰底比河床要低，具备了自动排沙和调节流量的作用。当内江水量偏大时，多余的江水就会直接漫过飞沙堰流入外江，并且将部分泥沙冲走，这样就缓解了大水来临时泥沙淤积的情况。

调控河水流量以及泥沙之后，李冰开始设计如何将内江的水合理引入成都平原进行灌溉，考虑到进入成都平原的水流量不能太大，而且不能带来大量泥沙，李冰父子直接让人开凿了一个狭窄的引水口，也就是宝瓶口。宝瓶口有效限制和调节了内江引流的水量，确保成都平原在取水灌溉的时候，不会被大水淹没和冲毁。而为了有效控制水中裹挟的泥沙，宝瓶口的狭窄弯曲设计，能够有效制造漩涡来排沙。

相比于常用的"堵"，李冰侧重于"疏通"，而且他的设计简单有效，更是全方位考虑了河流的特性、水流量、排沙、灌溉等诸多因素，构建了一个集防洪、灌溉、水资源分配于一体的水利工程。这项水利工程的整体设计科学合理，完全顺应自然规律，体现了李冰的全局思维。不仅如此，考虑到水流与泥沙对都江堰的冲刷，李冰建立了"岁修"制度，要求每年定期对都江堰进行维修和保养，确保都江堰能够正常运行，而这也是都江堰可以在千年的时间跨度中持续为成都平原造福的原因，从某种意义上来说，都江堰为成都平原的富饶作出了不可磨灭的贡献。

作为一名出色的水利工程师，李冰真正令人敬佩的是他拥有全局思维，他在治理水患的时候，并不是单纯地考虑某一个方面的内容，不是针对某一个点来进行设计的，而是全方位考虑，全方位设计。

全局思维是比较常见的一种谋事思维，是指人们在思考问题、做出决策，制定行动方案时，不能仅仅将目光停留在局部，不能仅仅关注眼前的东西，不能只想着如何解决个别环节的问题，而要从事情发展的整体情况出发，从整体的利益出发，充分考虑不同因素、不同部分的关系。

举个例子，当一个人面临职业选择或规划个人发展时，他需要综合考虑自身的优势、劣势，行业趋势，市场需求，以及潜在的发展机会和挑战。不仅如此，他还需思考如何提升自己的技能，如何建立有效的人际关系网，如何设定并追求长期目标，以及如何管理时间和资源以达到最佳效果。在这个过程中，不能仅局限于某一方面的考量，而是要从多角度分析，全方位完善自己的规划。

　　总的来说，无论是制订个人计划还是解决生活中的问题，想要确保一切顺利并获得更满意的结果，就需要从局部出发，立足全局，以更广阔的视角去分析、思考和解决问题。

范蠡：行动前要先规划，深谋远虑才能做成事

范蠡是春秋末期的政治家、军事家、经济学家，作为政治家和军事家，他帮助越王勾践成功复国，可以说是国家的大功臣，但就在勾践成功复国之后，他却选择归隐，远离政治。之后，他开始经商济世，成为中国历史上非常有名的商人。

作为一个很有头脑的商人，范蠡提出了很多非常先进的经商理念，为了做大生意，他多年来一直都在践行自己的商业理念，巧妙规划和经营自己的商业帝国，其中有一条理念非常重要，那就是提前谋划。范蠡每次做生意之前，都会提前做好安排，提前规划好自己要销售什么，要进什么货，什么时候进货，什么时候出货，而做好规划的前提就是预测行情。

很多商人做生意，往往存在两种不当行为：第一种是跟随市场变化来从事商业活动，市场上什么东西卖得最好，他们就跟风进什么货，结果常常会因为市场饱和、竞争激烈而导致产品卖不出去，出现严重亏损。第二种是完全按照主观想法去做生意，自己觉得什么商品好卖，自

己喜欢什么样的商品，就拿到市场上去卖，而没有考虑这种商品是否被市场接受，是否可以卖一个好价钱，这种人常常会销售一些市场需求很小的商品，无法将生意做大。

相比之下，范蠡更加懂得预测市场行情，他会深入了解市场行情的变化，看看竞争对手的举动，对市场上的商品供求关系做一个评估和预测，并对商品的价格走势做一个大致的分析，然后有针对性地制定相应的营销策略，把握进货的时机和出货的时机。

在预测市场行情之后，范蠡通常会提前做好充足准备，把货物和资金准备充分，他会提前购入所需的商品。比如说，春秋两季的产品和夏冬所需要的是不一样的，冬天到来时，棉被肯定会非常畅销，而到了夏天，丝绸之类的衣服则更为流行，考虑到市场行情会随着季节的变化而变化，范蠡会在冬天到来之前低价购入大量的棉被，这样等到冬天来临时，就可以快速出货，而不用像其他商人那样临时花高价抢购棉被。同样地，丝绸在夏天是非常重要的商品，而且价格非常贵，最好的方法就是在冬季或者春季提前购入丝绸，这个时候因为消费的人少，产品非常多，价格很低。范蠡确实是这样操作的，提前购入丝绸，然后在夏天到来的时候，立即高价出货，获取更高的差价。

范蠡是一个善于谋划全局的人，他做生意不会停留在当前，不会被动地跟着形势的发展去部署，而是提前对形势做出预测，提前做好准备，这样才能够真正把握住事物发展的趋势，才能够利用这种趋势为自己谋取更大的利益。

凡事预则立，不预则废。想要将事情做好，想要事情按照自己的构想去发展，或者说想要控制好事物发展的走势，人们就要懂得提前规划、提前布局、提前准备。那么，怎样做才能确保自己的规划和部署能够产生很好的效果呢？

首先，在规划未来时，要深入理解事物发展的基本规律，尤其是周期性和波动性。这些规律是事物发展的内在逻辑，掌握它们有助于更好地把握事物的发展趋势。

其次，在追求发展目标时，也需要全面了解相关领域的基本规则。这包括如何寻找合适的合作伙伴，如何构建或融入有利的发展网络，如何制定有效的成长策略，以及如何选择适合自己的提升途径等。这些规则是个人发展的外部条件，通过提前谋划和分析，了解并掌握这些规则，在准备阶段就能更加有针对性，准备工作也会更加有效。

再次，在分析事物发展规律与规则的基础上，需要明确自己的发展目标和需求，并深入找出实现目标的关键因素。无论是技能、知识、经验、人脉、资源还是心态，个人都需要仔细识别出哪些要素能够满足发展需求并增强个人竞争力。然后，个人需要合理地投入时间和精力，确保在这些关键要素上建立起优势。

最后，要积极培养合理高效的战略思维。缺乏战略思维的人往往只能看到当前的局势，并盲目地依赖过去的经验来指导行动。他们缺乏对未来发展的清晰认识和判断，因此很容易陷入混乱的状态。而善于规划未来的人则具备出色的战略思维，他们会从长远的角度进行规划，并提前做好准备。他们会考虑未来的发展趋势和潜在的风险，并制定相应的应对策略。

李世民：信息制胜，行动前先掌控各方情况

　　唐太宗李世民是一位非常伟大的政治家，他开创的贞观之治，让大唐慢慢走上巅峰，在政治、经济、军事、文化上都站在世界前列。除了在治理国家上非常出色，李世民也具备很强的军事天赋，是一位杰出的军事家，早年帮助李渊打天下，经历大小战事无数，可以说战功卓著，展示了无与伦比的军事才华和军事谋略。

　　为了确保军队可以更高效更精准地采取行动，提升军队的作战能力，李世民建立了一套高效的作战系统，在这个作战系统中，有一个非常重要的子系统，那就是情报搜集系统。和很多将领单纯搜集情报不同，李世民将情报搜集工作系统化、规范化，从而打造了一个巨大的情报网。根据史书记载，李世民设立了一系列情报机构，比较知名的有"丽政院""左右豹韬卫"，这些情报机构负责搜集全国各地以及周边国家的政治、军事、经济、文化等各种情报，在战场上更是应用广泛。

无论是攻打隋军，还是攻打突厥，李世民都注重对敌方情报的搜集，作战指挥系统在正式发动进攻之前，他都会让情报人员先去刺探敌方军情，全方位搜集各种有用的信息，包括敌军的军力部署情况、敌军将领的基本信息、敌军的部队作战能力、后勤供给情况、军备军械情况、敌军的行军方向、敌军内部是否存在什么矛盾。甚至在作战前，他会让情报人员直接进入敌国，看看敌国国内的政治状态、经济发展情况、军事规划，以此来评估对方的实力。尽可能多地了解敌方的相关情报信息后，作战指挥系统会从这些情报中分析和研究敌人的行动和意图，然后有针对性地制定作战方略，整合自己的资源，全方位做好部署。

为了提升情报机构的效率，李世民任用了一大批出色的情报人员，这些人无一不是智谋过人、擅长察言观色和刺探情报之人。正是因为有了这些出色情报人员的协作，才使得整个情报系统得以高效运转，也使得李世民可以在国家军政事务上保持清醒的头脑，能够依据大量高价值的情报来制定更为合理的政策。事实上，李世民不仅参与情报网的构建，还亲自参与情报分析工作，他经常鼓励各级官员和边关将领及时上报那些重要的信息，然后亲自参与情报的审阅工作和分析工作，和大臣们一同制定决策，尽可能保证决策的科学性与准确性。

很多人都认为李世民是天生的统帅，一般的将军可能善于打仗，拥有过人的胆识和丰富多样的战术安排，而统帅不同，他要统领全局，对各个方面都有所了解，要全方位进行控制和管理，李世民就是这样的人，而他强调的信息战和情报战就是统领全局的关键，因为只有掌握更多的信息，只有了解各个方面的具体情况，他才能够进行全面布局，才能在各个方面都做好准备，提升战争获胜的概率。

一个人仅仅拥有高屋建瓴的思维是不足以真正掌控全局的，没有足够的信息来支撑，个人的思维会有很大的局限，个人的判断能力也会受到制约，从某种意义上来说，信息才是支撑大局观的重要基础，没有强大的信息做保障，个人无法精准判断将会发生什么事，也无法判断哪些方面存在漏洞，更无法真正做到资源整合。

想要真正统领全局，就要想办法获取更多有用的信息，具体应该怎样做呢？

首先，信息的获取不要停留在某一件事，或者停留在某一个环节上，而要全方位获取信息，所有的相关事项都要分析，都要想办法搜集相关信息。在规划个人发展时，深入地了解与全面的分析是不可或缺的。

其次，很多人在搜集信息的时候，认为只有那些大事件才值得了解，只有那些信息主干才值得深入挖掘，其实信息的获取往往要注意一些细节要素，因为很多时候，通过细节才能看出一件事情真正的发展状态，才能抓住一些不为人知的东西。

最后，搜集信息的时候，虽然强调信息的面越广越好，但并不意味着信息越多越好，对于谋划者来说，信息的价值非常重要，没有任何价值或者低价值的信息并非越多越好，我们真正需要的是那些高价值信息。

第五章　博弈中智取，复杂形势下的取胜之道

虞诩：巧妙布局，借逆向思维赢得战局

东汉中期，羌族实力强大，经常南下烧杀抢掠，而且还伺机攻占东汉的都城，抢占领土。为了杜绝后患，东汉的皇帝打算主动出击，一举击溃强敌，于是命令大将虞诩率领大军讨伐羌族。为了阻挡汉军前进的脚步，羌族军队直接驻扎在淆谷，利用淆谷的天险设下重防。当虞诩到达淆谷之后，发现羌族不仅占据地理优势，而且还集中了大量优势兵力，想要击破淆谷的防守非常困难，于是汉军就在距离淆谷不远的地方安营扎寨。

第二天，虞诩假装巡视部队，然后刻意在军队里宣扬："现在敌我双方的兵力严重失衡，我们面对强大的羌族部队没有多少胜算，只能等待援军到来。"羌族安插在汉军中的眼线很快就将这个消息传递出去，羌族军队就放松了警惕，只安排少量士兵守卫淆谷，其余的人都四散到各处去抢夺物资。等到羌族兵力分散之后，虞诩带领军队强攻淆谷，并顺利突破了这个据点。

接下来的几天，虞诩命令士兵加速前进，不仅如此，他还下令每一个士兵都要铸造两个炉灶，每日增加一倍。手下的部将质疑虞诩的做法，因为孙膑当年与庞涓交战时，不仅放缓行军速度，每日只前进30里，而且还每天减少炉灶的数量，通过示弱的方式诱敌深入，让庞涓误以为齐国军队怯战溃逃，最终庞涓因为轻敌中了齐国军队的埋伏。现如今，汉军的行动完全与孙膑的策略相反，恐怕会给汉军带来威胁。

这个时候，虞诩笑着回答说："羌族人非常善战，而且人数众多，如果我们行动缓慢的话，很容易被他们追上并一举消灭。如今我们只有加快行军速度，对方才难以追上，而且对方也会对我们的行动产生疑惑，加上我们一路上不断增加炉灶，羌族人必定会认为我们的援军到了，他们必定不敢盲目追击，这样就为我们休养和补充兵力创造了条件。而一旦我军获得了补给，就可以以逸待劳，重创对方。"

果不其然，由于羌族军队不敢贸然追击，汉军很快进入成都，然后在成都休养数日。羌族人追击到成都后，立即对守城展开了围攻，但是由于汉军准备充分，而长途奔袭的羌族军队没有得到及时的休息，战力大打折扣，伤亡惨重。这个时候，虞诩知道羌族人中计，于是安排巡逻的士兵排成长列，从守城的东门出来，一直排到西门，士兵进入西门后迅速更换服装，又快速从东门出来，每日数次。这样一来，就造成了守城军队人员充足的假象，羌族军队只好仓皇撤退。趁着敌军阵形大乱，提前埋伏在半路的虞诩突然杀出，最终大败羌族军队。

虞诩的成功在于他没有拘泥于古人行军打仗的经验和兵书上的计谋，而是针对己方的独特情况，反其道而行之，运用逆向思维迷惑对手，这样就在博弈中占据了更大的竞争优势。

　　逆向思维，简单来说，就是从问题的相反方向去思考。这种思维方式不按照传统、常规或固定的模式来，而是从事情的另一面来看，反向寻找答案。有时候，也可以颠倒一下顺序，用相反的逻辑去找新的解决思路。当然，也可以换个角度看问题，从一个不那么常见的角度出发，尝试找到新的突破点。这样，逆向思维就能帮助我们找到新的解决问题的方法。

　　以个人成长路径的规划为例，很多人认为，随着个人技能的提升和经验的积累，应当不断拓宽自己的领域，尝试更多的可能性。然而，我们会发现，盲目地追求多元化发展反而导致自己在每个领域都表现平平，无法形成核心竞争力。此时，逆向思维便提供了一种有效的解决方案：不是继续拓宽领域，而是精简自己的发展方向，专注于自己真正擅长和热爱的领域，通过深耕细作来提升自己的专业水平。这种逆向操作往往能够显著提升个人的竞争力。

总的来说，逆向思维在创新设计、体系优化、解决问题方面具有很大的作用，当人们使用常规方式无法解决问题时，就可以尝试着换一个角度来思考。而在进行逆向思考的时候，需要开阔视野，选择合适的切入点，最常见的逆向思考方式包括以下几种：

反转型的逆向思考方式：常规的思维是按照正常的功能、结构、因果关系展开的，而反转型逆向思维则是从已知事物的相反方向出发，在功能、结构、因果关系等方面都进行反向的思考。

转换型的逆向思考方式：通常来说，人们会按照常用的方法去思考、评估和分析问题，当问题无法顺利解决时，转换角度或者换一个方法进行思考，找到解决问题的方法。像司马光砸缸一样，按照正常的救人方式，应该将落水者从水里捞出来（让人离开水），可是当方法不可行时，司马光就选择了从另一个角度思考救人的方式：让水离开人。而砸破大水缸就可以放出缸里的水，这样落入缸里的人自然就不会被水淹了。

缺点逆向思维法：利用事物存在的缺点，想办法将缺点变成可利用的东西，将不利条件转化成有利条件。比如，在个人发展中，当遇到重大挑战或处于不利境地时，主动切断自己的"后路"，比如放弃一些安逸的选择，专注于一个更具挑战性的目标，也可能会激发出个人的极大潜能和决心，从而实现个人成长的突破和逆转。

田忌：运用不对称策略，构建竞争优势

　　战国时期，齐国有一名大将叫田忌，他平时非常喜欢赛马，也有很多不错的马。齐威王听说田忌有很多好马，于是经常和他比赛，每一次双方都派出一匹上等马、一匹中等马、一匹下等马，结果田忌的上等马每次都输给对方的上等马，中等马输给对方的中等马，下等马一样输给对方的下等马。

　　某一次，齐威王心血来潮，再次让田忌和他赛马，田忌知道自己的马没有对方的优秀，打算推辞，这个时候，府里的谋士孙膑说道："您只管下注，我必定能够帮助您获得赛马比赛的胜利。"田忌半信半疑，此前的比赛他都输了，根本没有任何胜算，但是看到孙膑坚定的眼神，他只好硬着头皮试一试，而且他也不敢忽视齐威王的邀约。

　　赛马正式开始之前，孙膑给田忌出了一个主意，他让田忌先派出下等马对阵齐威王的上等马，田忌听了有些诧异，就连自己的上等马也比不上对方的上等马，自己的下等马就更没有胜算了。第一局比赛开始之后，田忌的下等马远远落后于对方的上等马，毫无悬念地输掉了比赛，前来观战的王公贵族纷纷嘲笑田忌的马太差劲，而田忌此时也觉得脸上无光。

接下来是第二局比赛，这一次，孙膑让田忌派上等马对战齐威王的中等马。结果比赛开始之后，田忌的上等马稍胜一筹，赢了齐威王的中等马。在第三局比赛中，田忌派出了剩下的中等马，结果又赢了对方的下等马。三局比赛，田忌赢了其中的两次，成为最终的赢家。

田忌此时才意识到孙膑通过打乱赛马顺序来赢得胜利，对他钦佩不已。

田忌赛马是一种非常经典的博弈策略，而赛马取胜的原因就在于，孙膑在赛马的过程中打乱了赛马的顺序，从而构建起不对称竞争优势。

按照惯例，双方应该是上等马对上等马，中等马对中等马，下等马对下等马，可是田忌却在孙膑的指导下出其不意地打乱了赛马的参赛顺序，这样就在全面落入下风的情况下扭转了局势。从这个角度来看，齐威王的失败在于他死守规则，而没有想到田忌会打破规则和习惯行事。如果双方都按照规则，让同一等级的马比赛，田忌必输无疑。

也可以说，田忌在赛马过程中采取了后发制人的策略。在田忌与齐威王的比赛中，田忌并没有率先出手，而是等齐威王先派出马，然后有针对性地做出调整。假设齐威王先出中等马参赛，那么田忌只需要出上等马，就可以取胜；假设齐威王出下等马参赛，那么田忌应该出中等马；假设齐威王出上等马参赛，田忌只需要出下等马。只要齐威王先派出马，田忌就可以有针对性地做出调整，见招拆招，始终保持三局两胜的优势。如果双方在不知道对方将如何部署的情况下同时派出马，田忌很可能就会输掉比赛。

由此可见，对于普通人来说，想要在博弈中获得胜利，就不要拘泥于形式和过去的经验，不要被一些习惯性的东西所束缚，要敢于打破规则，要敢于尝试新的方式和策略，这样才有机会构建不对称竞争。例如，许多人在面对生活或职业中的竞争时，往往倾向于依赖过去的经验和既定规则行事，结果往往被动地跟随他人的步伐。而那些能够跳出常规框架，不按常规出牌的人，则更有可能出其不意，创造出对自己有利的"新规则"。

然而，一个值得注意的问题是，当一方打破常规后，其他方也可能会相应调整策略，这使得最初的创新策略可能不再有效，影响成功的概率。在这种情况下，对于原本不占优势的个人而言，贸然行动并非明智之举，更好的选择是耐心等待，采取后发制人的策略。

后发制人之所以有效，关键在于信息的获取。让对方先行一步，观察者可以借此机会更好地了解对手的策略、实力以及优劣势所在，然后再根据对手的情况采取行动，从而做出较佳的应对策略。

总的来说，无论是打破规则，还是后发制人，本质上都是对信息的掌控，如果不能及时掌控相关的信息，了解对手的具体情况，谋划者也很难在身处弱势的情况下扭转局势。所以，人们想要赢得竞争，除了制定高明的博弈策略之外，还要具备强大的信息收集和整理能力，确保自己可以在第一时间掌控更多的信息。

赵匡胤：温和的博弈策略，实现平稳交接

　　宋朝开国皇帝赵匡胤在部将的拥戴下黄袍加身，于陈桥发动军事政变，最终顺利登上了帝位。为了更好地管理国家，他觉得自己有必要加强中央集权，将国家机器牢牢掌控在自己手中。为此，他经常向大臣赵普请教管理国家的方法。

　　有一天，赵匡胤问赵普："自唐代以来，皇帝已经更换八个家族了，可是战争依然频繁，老百姓的生活非常艰难，你觉得这是什么原因造成的？我现在想要停止战争，安心建设国家，实现国家长治久安，人民安居乐业，应该怎样做呢？"

　　赵普听完之后，回答说："陛下能够这么想，真的是天下人的福气。其实造成天下长久以来混乱的原因很简单，那就是藩镇长期割据一方，势力太大，一直在威胁君主的统治。如果您想要解决这个隐患，只需削弱藩镇的权力，限制他们的财政收入，收编他们的精锐部队，只要在政治、经济、军事上全面控制，天下就会一直保持安定的局面。"

　　赵匡胤听了非常高兴，觉得赵普的建议与自己内心的想法不谋而

合，于是开始削藩。公元961年，宋太祖在退朝后特意留下石守信等高级将领一同饮酒。当大家喝得正开心时，赵匡胤突然放下酒杯对将军们说道："如果没有诸位的辅助，我根本当不了皇帝。现在我虽然贵为天子，可实际上还不如做一个节度使那样轻松快乐，自从登上帝位，我就没有好好睡过一觉。"

将领们于是立即追问原因，赵匡胤回答："其实不难明白，毕竟谁不想坐皇帝这个位子呢？"此话一出，将领们都站起来："陛下为什么要这样说呢？您登上帝位已经是天命所归，谁还敢有什么异心？"赵匡胤慢悠悠地说道："就问问在座的诸位，有谁不想要王权富贵？假使某一天，有人也将黄袍披在你们身上，拥戴你们当皇帝，那个时候即便不想当皇帝，恐怕事情也由不得你们了。"

将领们很快听出赵匡胤话里的意思，惶恐不安地下跪磕头，然后哭着说："我们都是带兵打仗的粗人，并没有想过这些大逆不道的事情，还希望陛下可怜我们，给我们指一条生路。"眼见目的将要达到，赵匡胤提出了自己的建议："你们想啊，人生也就短短几十年光阴，还不如多积累一点金钱，置办一些田地和宅第，将来也好传给子孙后代。现在你们年纪也大了，我觉得平时在家里看看歌姬舞女的表演，颐养天年，这样一来，君臣之间也没有什么猜忌与隔阂，朝中上下也能够相安无事，对大家来说不是很好吗？"

石守信等人立即带头叩谢皇恩，并且第二天就以生病为由辞官回乡，而赵匡胤则批准了他们的辞呈，并给予他们丰厚的赏赐。

公元969年，宋太祖又召集手握重兵的边关将军与地方武将，以同样的方法解除了他们的兵权，从而将军政大权完全掌控在中央政府手中。

"杯酒释兵权"的故事蕴含着深刻的智慧。它告诉我们，在面临环境或角色转变的关键时刻，应该通过温和的策略，巧妙地处理与周围人的关系。赵匡胤的做法，摒弃了强势与压迫，转而采用一种更为巧妙的策略来化解潜在的冲突，这种智慧不仅对于古代帝王巩固政权具有重要意义，对于现代人处理生活或职业中的种种变革，也同样具有深远的指导意义。

在个人发展的漫长道路上，每个人都会不可避免地遇到需要调整策略、重新分配资源等情况。这些变革，无论是出于个人成长的内在需求，还是外部环境变化的客观要求，都往往会触及他人的利益。比如，朋友间因发展阶段不同而需要调整合作方式，或是在职场中因组织结构调整而面临职位变动等。

在处理这些复杂而敏感的关系时，直接冲突或强迫改变往往不是最佳选择。因为这种方式很可能导致关系的破裂，甚至给个人声誉带来不可逆转的损害。相反，采取更加温和与包容的方法，如同赵匡胤在"杯酒释兵权"中所展现的那样，能够更有效地促进变革的顺利进行。这包括给予受影响者足够的理解和尊重，耐心倾听他们的担忧和诉求，通过真诚的沟通寻求共识，甚至在必要时提供某种形式的"补偿"，比如更多的支持、鼓励或是帮助对方适应新的情况，以减轻变革带来的冲击。

最重要的是，无论是个人的成长还是处理人际关系中的变革，核心目标都应是促进整体的和谐发展，确保每个人的资源和能力都能更好地服务于共同的目标。

秦穆公：隐匿关键信息，在博弈中智取

春秋战国时期，晋国实力雄厚，一直想要吞并周边的小国。有一次，晋国打算灭掉虢国，可是想要对虢国用兵就需要借道虞国，于是晋献公就向虞国提出了借道的请求，并且赠送了一大批宝玉和骏马给虞国国君。虞国大夫百里奚看出了晋献公的诡计，他认为晋国一直有狼子野心，灭掉虢国之后，必定会在返回途中一并灭掉实力弱小的虞国，于是他立即劝说虞国国君不要答应晋献公的请求，但是目光短浅的虞国国君还是接纳了晋献公的赠品。结果正如百里奚所料，晋国灭掉虢国之后又对虞国发兵，虞国很快被灭，虞国国君和百里奚都成为晋献公的阶下囚。

不久之后，秦国打算和晋国交好，秦穆公派人到晋国联姻，晋献公答应把女儿嫁给秦穆公，而百里奚正好成为晋国公主陪嫁的奴隶。堂堂一国大夫，被人灭掉国家就算了，还要成为仇人出嫁时的嫁妆，这样的耻辱是无论如何也不能忍受的，因此百里奚在陪嫁途中偷偷逃离了送亲队伍。可不巧的是，百里奚刚逃到宛城，就被楚国士兵当成奸细给抓住了。考虑到百里奚当时已经70多岁了，须发皆白，而为人又很老实，于

165

是就让他去放牛放马。

秦穆公听说送亲队伍中跑了一个陪嫁的奴隶，就很好奇地询问，结果发现逃跑的人竟然是虞国很有声望且才华出众的百里奚，心里非常惋惜。得知百里奚被楚国人抓走之后，他打算花费重金将百里奚赎回来，就在这个时候，有人告诉秦穆公绝对不能这样做，来人说明了理由："楚国人之所以让百里奚放牛放马，是因为这些人还不知道百里奚是一个很有本事的人，如今您要是送去一份大礼要求赎回他，不是明摆着告诉楚王，楚人手里抓住的百里奚是个能人吗？而一旦楚王知道了这一点，他还会爽快地放百里奚回到秦国吗？"

听了这番话，秦穆公恍然大悟，意识到自己差点就犯了错误，于是派使者拿着五张羊皮（当时奴隶的标价）去找楚成王，希望用五张羊皮的价格赎回百里奚。使者见到楚王后，说："敝国有个奴隶，叫百里奚，前不久逃到了贵国，现在请让我们赎回他，好治他的罪。"楚王不会为了一个奴隶而为难使者，于是收下羊皮就放了人。很快，使者就将百里奚安全送到秦国。

逃出楚国的百里奚对秦穆公感恩戴德。秦穆公与百里奚交谈后，发现他的确是难得的人才，就任命百里奚为国相。之后，秦穆公在百里奚的辅佐下带领秦国变得越来越强。

秦穆公之所以能够顺利赎回百里奚，依靠的就是对信息的精准掌控，才能够在与楚王博弈的过程中牢牢掌握主动权，仅仅以五张羊皮的代价赎回了一位大才。

俗话说："一个人的价值，往往取决于领导者的认知。"其实，这种认知首先源于最基本的个人信息，只有充分了解个人的能力和优势，充分了解个人的过往经历，才能够对一个人做出合理的价值判断。对秦穆公来说，百里奚是值得花费千金来赎回的贤才，因为他准确了解百里奚的价值。但秦穆公想要顺利迎回百里奚，就要学会隐藏百里奚的信息，隐藏了信息也就等于隐藏了他的价值，只要顺着楚王的思维，将百里奚当成一个普通奴隶来对待，这样就可以降低"交换"（用物赎人）的成本。

而楚王之所以稀里糊涂地同意用五张羊皮换人，原因在于他并不了解百里奚，他觉得百里奚不过是一个普通的奴隶，最大的价值也就是放牛放马，正因为有这样的认知，他自然觉得百里奚只值五张羊皮，这个时候，必定会因为轻视百里奚而放人。

反过来说，如果秦穆公花费重金去赎人，楚王一定会重新评估双方的"交易"，他会顺着秦穆公的出价进行分析，重新评估百里奚的价值，一旦被他掌握了更精准的信息，甚至可能会坐地起价，这样就会增加秦穆公赎人的难度和成本。

这个故事告诉我们，无论是在个人成长的哪个阶段，或是在生活中的哪个场景，都不应轻易让他人猜到自己的真实意图和计划。应当妥善保护高价值的信息，以防有人恶意利用这些信息。想要以小的代价获得大的收益，就需要学会隐藏信息，并利用信息不对称的优势来为自己创造更多的机会。

目夷：贬低想要的东西，随后更易获取

春秋时期，东周王朝衰微，齐、晋、秦、楚、宋等国开始竞争霸主的地位，宋襄公自认为爵位较高，一直想要得到盟主地位，根本不把其他诸侯国放在眼里。公元前639年，宋襄公约诸侯国在鹿上会盟，并以盟主自居，让各诸侯国的国君按照爵位高低依次登坛。

楚王对于宋襄公的做法感到不满，但他还是同意与诸侯会盟。等到会盟那一天，宋襄公的兄弟目夷建议他多带些军队赴盟，因为他认为楚国向来对宋国有很深的敌意，而楚王又是一个很有野心的人，如今肯定不甘心听从宋国的号令。宋襄公为人自大，不相信楚王敢对自己动手，就没有带兵，但还是带着目夷一同前往。

会盟正式开始之后，宋襄公以盟主的身份登台发表讲话，结果有备而来的楚王脱下礼服，露出铠甲，然后振臂一呼，台下的楚兵全部脱下衣服，露出铠甲，冲上台活捉了宋襄公。为了避免贻人口实，楚王在台上公布了宋襄公的几条罪状，然后借着这个机会宣布不日将攻伐宋国。

得知楚王的目的是侵吞宋国，目夷趁乱逃回宋国，并立即组织军队固守睢阳城，随时抗击来犯的楚军。不久之后，楚王押着宋襄公来到睢阳城，希望通过挟持宋襄公来逼迫宋国投降，没想到目夷宣布自己继位，当了宋国国君，没有给楚王任何机会。眼看这个方法行不通，楚王派使者去游说："如果我们放你们国君回国，宋国该如何酬谢呢？"没想到目夷回怼使者："先君被捉，已辱社稷，即便回来，再做国君也不合适，放与不放，随楚之便。要决战，必奉陪。"

计谋再次落空的楚王非常生气，于是下令攻城，可是睢阳城在目夷的领导下就像铁桶一样严密，楚军连续攻城三日都失败了。考虑到自己长途奔袭至此，不适合持久作战，楚王只能宣布退兵。此时，楚王看到宋襄公留在自己手里已经没有什么价值，就放他回去，没准新君和旧君相遇后，会因为君主之位而产生矛盾，从而引发宋国内部的政治动荡。可是当宋襄公回国后，目夷亲自出城迎接，然后将国君的位置还给宋襄公，楚王的计谋再一次落空。

面对楚国的侵略和步步紧逼，目夷的博弈策略很简单，那就是"弃"，当对方抓住自己的薄弱点进行攻击时，直接放弃这个点，这样一来，弱点自然就不复存在了，对方自然也就无处发力。比如，当楚王挟持宋襄公要求宋国开城门投降时，目夷直接自己称王，宋襄公名义上已经不是君王了，这样一来，宋国手中最大的弱点一下子就不存在了，而楚王手里最大的谈判筹码则变得一文不值。当楚王期待着通过放人来要求宋国支付一大笔酬谢的资金时，目夷以宋国早就被羞辱了，放不放人都无所谓为由，拒绝了楚王的提议，这一次，楚王的计谋再次落空。最后，楚王放回宋襄公，希望借助"君主位置之争"给宋国制造内乱，但是目夷让出国君的位置，再次让这个潜在的风险化为无形。可以说，每一次，楚王都费尽心机，抓住宋国的弱点进行攻击，但每一次都被目夷轻松化解，楚国自认为的博弈筹码最终都没有发挥任何用处，因为目夷直接以"抛弃"的方式，废掉了对方的招数。

目夷的"弃"并不是真正意义上的抛弃和放任不管，不是真的对竞争对手的攻击视若无睹，而是通过这种方式迷惑对手，改变自己的被动处境，确保对方无法利用自己的弱点发动攻击。当对方找不到发力点时，就会选择新的点进行攻击，这样一来，反而保护了原先受到攻击的那个弱点。

在竞争中，一旦对手掌握了你的某些把柄或发现了你的致命弱点，这往往就成为他们手中最有力的筹码。此时，若想在竞争中胜出，你需要设法让对手手中的筹码失效，这是博弈中的重要策略。就像战场上，实力较强的一方通常会试图攻占城池，夺取对方的根据地。然而，擅长游击战的队伍却会通过灵活机动的战术，主动放弃城池和根据地，使得对方擅长攻城的优势变得毫无价值，强大的攻城能力无从施展。这种方法的核心在于削弱对方的优势，使其变得无足轻重。但要成功实施，你需要既有勇气又有智慧，懂得在适当时机转变或规避自己的弱项。这种策略不仅能消耗对方的力量，还能起到自我保护的作用，是一种通过放弃来实现保护的策略。

以弃为保本质上是一种隐瞒和掩饰的策略，主要通过"放弃"来迷惑对手，使自己的弱势消失，打乱对方的布局，从而使对方手中的筹码和所谓的竞争优势瞬间失去价值。

想象一下，在日常生活中，你可能会遇到一些与你竞争同一资源或机会的人。他们可能试图通过展示自己的优势来压制你，让你觉得自己处于劣势。在这种情况下，你可以选择暂时"放弃"这个资源或机会，并向外界传达出一种你并不那么在意，或者已经有了其他选择和规划的信号。

当你做出这种假装放弃的姿态后，竞争对手可能会因为失去了针对目标而变得迷茫或放松警惕。而这时，你便可以悄悄地重新调整自己的策略，寻找更合适的时机和方式来追求你的目标。

　　以弃为保的策略包含了两层含义：第一层是表面上放弃，实际上是为了保护，防止其成为对方的筹码；第二层是通过放弃眼前的利益来保护长远发展的利益，通过放弃局部利益来保护整体的利益，这是典型的弃小保大。这样可以最大限度地保护自己的利益，同时削弱对方带来的潜在伤害。

伍子胥：和对方利益一致，赢得博弈主动权

伍子胥是春秋末期的政治家，他原本是楚国人，父亲伍奢是楚国太子太傅，负责教导太子建，后来太子被人诬陷，伍奢受到牵连，被楚平王处死。伍子胥早就看穿了楚平王的阴谋，并没有应召入宫，而是逃到吴国，并希望借助吴国的力量为父亲和兄弟复仇。

伍子胥逃到吴国的消息很快传开，吴王僚早就听说了他的贤名，于是将其接入宫中，使其成为自己的谋臣。与此同时，吴国的公子光也打算将伍子胥收归门下，可是却晚了一步，被吴王僚捷足先登。公子光原本是老吴王的继承人，可是却被吴王僚（老吴王的儿子）给抢走了，他一直密谋抢回属于自己的王位，而伍子胥很有才华，是非常理想的帮手。眼看伍子胥成了吴王的人，公子光非常苦恼，于是开始寻找机会离间伍子胥与吴王的关系。

由于伍子胥一直想要复仇，吴王僚为了拉拢他，许诺帮他报仇。这个时候，公子光找到吴王僚，劝说对方放弃这个想法，因为一个明君绝对不会为了一个外人的私仇而出动国家的军队，吴国人对这样的战争也

会产生怨恨。打赢了还好，要是打输了的话，将会有千千万万的士兵死在战场上，那个时候，吴王该如何向这些士兵的家人交代。

吴王僚听了觉得有道理，于是就放弃了帮伍子胥报仇的想法，伍子胥眼看吴王僚不想为自己报仇，就非常生气地离开了他。成功离间了吴王僚和伍子胥之后，公子光就极力拉拢伍子胥，最终取得了伍子胥的信任。在那之后，伍子胥成为公子光的心腹，并帮助公子光除掉了吴王僚。

不久，公子光成了新的吴王，也就是吴王阖闾。有一天，阖闾问伍子胥："我想要国家强盛，谋求霸业，怎么办才能成功呢？"伍子胥听了，赶紧跪下，说："我只是个从楚国逃来的难民，现在连父兄的仇都没报，哪敢插手吴国的政事啊。"

听闻伍子胥不想当官，阖闾有些着急，于是非常真诚地说道："要不是有了你，我或许现在还被吴王僚压制。要不是你的帮助，我怎么会有今天，如今我当上了吴王，非常希望你可以帮我治理国家，你现在却想要急流勇退，难道是我对你不够好吗？"

伍子胥非常感激阖闾的信任和重用，但是他内心一直想着为父兄报仇，但是他不敢当面说出来，毕竟让一国之君为一个外人发兵他国，这有些强人所难，所以伍子胥希望阖闾自己说出帮忙报仇的话，只有对方亲自做出承诺，报仇的事才有保障。而为了实现这个目的，他只能以退为进，在阖闾初登王位，政权不稳的时候，宣告自己退出，这样就可以让对方产生恐慌心理。

为了进一步刺激阖闾，伍子胥再次强调自己只是外人，并不想参与他国的政事，他自己只想着报仇，根本没有心思做其他事。果不其然，当阖闾听到这番话后，非常激动，当即做出承诺："只要你帮我处理国事，稳定当前的局势，我就发兵楚国，帮你报仇。"眼见目的已经达到，伍子胥感激涕零地跪拜阖闾，然后答应帮助对方稳定局势，巩固王位。

对伍子胥的谋事方法进行分析，我们就会发现这是一套非常实用的求人办事的方法，他在寻求帮助的时候，并没有直接说出自己的要求，而是通过巧妙的暗示，让阖闾替自己说出来，这样做就等于让对方做了一份承诺。

不过伍子胥也不是盲目进行暗示，首先，最关键的一点是，谋划者在暗示和引导的过程中，必须展示自己的价值和需求，还要让对方认识到这些价值和需求，这样一来就能够将双方的利益和需求联系在一起，当对方意识到这是一种双赢模式时，才会下定决心满足谋划者的潜在要求。如果一个人没有什么价值和能力，或者说无法帮助他人创造价值，就很难赢得对方的认同。

其次，在引导对方说出自己的要求时，一定要把握好时机。毕竟想要让一个人主动做出满足他人要求的承诺，通常并不容易，除非双方的关系达到了一个很高的层次，或者说对方迫切需要谋划者满足他的需求，此时，谋划者做出的暗示才更有效。

最后，谋划者在暗示和引导对方说出自己的要求时，一定要放低姿态，要主动打感情牌，不要让对方觉得这是威胁，以免引起反感。

管仲：以利诱惑敌方乱投入，瓦解敌方实力

　　春秋战国时期，齐国实力强大，成为名义上的中原霸主，就连周天子也已经名存实亡。很多诸侯国慑于齐国的实力和地位，纷纷听从它的号令行事，唯有楚国不服从齐国，楚成王认为楚国实力雄厚，完全有能力与齐国一较高下，根本没有必要屈尊降贵，任凭齐国差遣。所以楚成王并不认同齐国霸主的地位，也对周天子不敬，不仅如此，楚国还经常四处征战，掠夺周边较小的诸侯国。

　　齐国早就看不惯楚国的做派，齐桓公打算进攻楚国，给对方一点教训，毕竟他知道，如果继续放任不管，只会让楚国更加肆无忌惮，到时候，齐国的霸主地位就形同虚设，会有更多的诸侯国不服从号令。齐桓公召集大臣商讨对策，很多大臣都主张出兵楚国，给予对方沉痛的打击，而且可以联合其他诸侯国一起发兵。

　　齐国的相国管仲听了大家的话，立即站起来反对，他认为楚国之所以敢和齐国对抗，还四处侵略其他诸侯国，就是因为楚国富裕，军事实力雄厚，齐国不能小看这样的对手，现在如果发兵进攻楚国，很可能会

僵持不下，齐国即便获得最终的胜利，也会付出巨大的代价，齐国苦心经营的霸主地位恐怕也会出现动摇。而且齐国和楚国都是大国，一旦交战，会导致两国民众流离失所，对国家、对人民都不利。

齐桓公听了这番话，有些沮丧，打也不行，不打也不行，自己总不能眼睁睁看着楚国越来越强大。这个时候，管仲提出了一个办法，齐恒公觉得很好，就安排管仲去做。管仲先安排齐国的大商人前往楚国收购野鹿，然后四处宣传："齐国的国君喜欢鹿，不惜重金购鹿。"当时的楚国，鹿几乎随处可见，并不值钱，而听说齐桓公愿意出高价买鹿，楚国的商人纷纷做起收购野鹿的生意，结果在商人的运作下，鹿价飞速上涨。

楚成王和大臣们听说了这件事，觉得非常可笑，他们认为齐桓公不过是玩物丧志，长此以往，齐国的国力会被耗费一空，那个时候楚国只需要等待时机出兵攻打齐国，就可以一举拿下，成为新的中原霸主。为了增加齐国的消耗，楚成王也暗中下令买鹿，将市场上的鹿价又抬高了很多。

眼看着鹿价如此高，楚国人都动了捕鹿的心思，原先在作坊里工作的工人，纷纷离开了作坊；种地的农民也抛下了锄具，荒废了农田；楚国军营里的士兵得知了这个消息，不再安心训练，直接将兵器改造成为猎鹿的工具，纷纷上山抓鹿。

由于鹿价很高，在短短一年时间里，楚国就积累了惊人的财富，但也导致大面积的农田荒芜，粮食只有往年的二三成。由于粮食短缺，楚国不得不花钱去邻国购买粮食，但此时管仲早就联络诸国，不准它们与楚国通商，所以楚国拿着大把的钱却买不到粮食。

就在整个楚国因为粮食危机而动荡不安时，管仲让齐桓公联合其他诸侯国立即发兵。当盟军抵达楚国边境的时候，楚国却发现军队中的训练早就荒废了，连兵器也凑不齐，而挨饿几个月的士兵更是毫无战力可言。内外交困的楚成王后悔不已，但没有任何办法，只好派出大臣与齐国议和，表示愿意承认齐国的霸主地位，并听从对方的号令。为了表示服从的诚意，楚成王献出八车金帛，用来犒劳齐国和诸侯国组建的盟军，并且特意准备了菁茅在齐军前呈献，还表示愿意继续向周天子进贡。

在管仲的一番精妙操作之下，齐国没有动用武力就迫使楚国屈服，而且还消耗了楚国的兵力，使得它短期内再也没有实力威胁到齐国的霸主地位。

从某个方面来说，管仲购鹿的策略，本质上是对楚国发动了一场另类的经济战。管仲通过不合理的抬价来扰乱鹿的市场，最终引发楚国全民跟风投机，这样就对楚国的其他产业造成了严重的打击，导致楚国经济失衡，国家也因此出现了危机。

换一个角度来说，这是一种有效的攻心战术，管仲使用经济策略腐化楚国人的内心，引诱他们变得更加贪婪，激发他们的投机心理，并为此抛弃本职工作。在整个过程中，管仲一步步吊起楚国人的胃口，让他们不断犯错，最终因为眼前的利益而影响了国家长远的发展，并为此付出了惨痛的代价。

管仲是一个拥有逻辑思维的谋事高手，他从宣传重金购鹿开始，一点点布局，先吸引楚国商人入局，将整件事情炒热，然后吸引楚国的王公贵族做出误判，接下来则是吸引工人和农民加入，直到士兵也加入。这个时候，管仲仍旧没有收网，而是静静地等待楚国全民投机的恶果出现，等到楚国缺粮时，布局最终完成，此时他让齐国联合诸侯国大军压境，自然可以轻而易举地震慑楚国。在整个过程中，他所设计的每一个步骤都是有目的的，也是有节奏的，结果楚国在巨大的利益面前失去了应有的判断力，国家经济开始瓦解，军队内部也开始瓦解。

这种非常规的手法，虽然不像直接的军事行动那样迅猛，但其杀伤力却毫不逊色，而且能够在不造成伤亡的情况下获胜，无疑是一种高超的竞争策略。在个人发展的竞争中，也可以借鉴这种方法。通过巧妙地扰乱对方的判断，吸引其进入设定的局面，一旦对方深陷其中，打乱了原有的发展计划，便可以及时出击，给予对方致命一击。

总的来说，个人之间的竞争并不总是依赖于硬件实力的对抗。很多时候，一些无形的策略反而更具杀伤力，更令人难以招架。

高颎：反复迷惑对手，出其不意，攻其不备

隋朝成立之后，隋文帝杨坚一直四处征战，希望尽快结束南北分裂的局面，所以他先后发动了数次战争。公元584年，东突厥可汗向隋朝求和，隋朝北境的隐患基本解除，这个时候，隋文帝着手准备攻打南陈，统一南北。考虑到南陈是一个实力雄厚的国家，隋朝想要拿下这个对手很困难，为此，宰相高颎制定了两条计谋：一条是放火烧掉南陈的粮仓；另一条就是在南陈进入农忙时节时，派兵骚扰，佯装进攻，打乱对方秋收的计划。

南陈位于南方，每年秋收的时间要比隋朝早一些，所以高颎建议隋军利用这个时间差骚扰对方。按照高颎的建议，等到南陈进入农忙时节，隋朝军队就立即在对岸做战争动员，准备好战争的物资，让南陈守军产生一种错觉——隋军马上就要大举进攻南陈。

为什么非要等到农忙时节骚扰呢？原因就在于南陈非常重视农业，农业也是这个国家最重要的产业，如果农业受到影响，那么整个南陈的实力就会受到极大的削弱。不仅如此，南陈的士兵每年到秋收时都会放

下兵器到田间劳动，这个时候如果隋军发动战争，这些士兵就不得不重新参战。而高颎正是看中这一点，才让隋军选择在秋收这个时刻动手，借此打乱南陈秋收的计划，只要秋收受到影响，南陈的粮食储备就会不充足。另外，反复的骚扰也会让南陈士兵疲于奔命，消耗大量精力。

在秋收期间，隋军每天都会故意在河对岸整理军备，这让南陈的军队非常沮丧，既要防备隋军突然入侵，又不能耽误秋收，在这种状态下，他们的秋收工作做得并不好。更加气人的是，每次秋收完成之后，隋军就偃旗息鼓，没有任何备军的迹象。

就这样反复折腾了几年，南陈士兵开始放松警惕，认为对方不过是趁着秋收时故意制造混乱而已，完全不用担心对方会真的采取行动，而且他们认为隋军即便真的发动进攻，恐怕也要等到下一次秋收。就在南陈放松警惕的时候，公元589年正月初一，隋朝军队突然发动了攻势，趁着南陈欢度新年之际渡江，在安徽境内重创南陈主力军队，并很快占领了南陈的首都南京，活捉了南陈的国君。

在对付南陈时，隋军之所以可以顺利渡江，击败南陈，除了自身实力强大之外，还有一个很重要的原因就在于隋军按照高颎的策略，有针对性地抓住了南陈最在乎的东西——秋收。在对敌的过程中，隋军反复骚扰南陈是一种迷惑的手段，而打乱南陈的秋收才是整个策略的核心。因为秋收是南陈一年之中最重要的事情，也是南陈得以生存和发展的基础，隋军以秋收为切入点进行骚扰，无疑会让整个南陈神经紧绷。这种操作，直击南陈的要害，几乎可以动摇整个南陈的军事防备力量。

一般来说，竞争对手必定会在涉及自身重大利益的项目上加强守卫的力量，而谋划者要做的并不是在这个切入点上与对手一争高下，而是要利用这个切入点不断骚扰和破坏，目的是影响对方的正常运行，打乱对方的部署，然后伺机发动攻击，给对方造成重创。就像隋军攻打南陈一样，目的并不是让南陈无粮可收，而是为了不断制造恐慌，降低南陈的秋收效率，并破坏南陈的守备力量，在如此反复骚扰之下，南陈自然就容易放松戒备。

从某种意义上来说，这种骚扰战术更像是一种遮掩，目的是通过骚扰战术使对方疲劳，消耗对方的防守力量和耐心。在这种骚扰战术中，谋划者需要把握几个关键点：

第一个关键点：谋划者需要找到最佳的切入点，看看从哪里入手可以对对方的整体利益造成最大的影响。因此谋划者在面对竞争对手的时候，通常需要全方位地了解对方，看看对方最在乎什么，对方最倚重什么，什么东西会对对方的利益产生最大的影响，决定对方生存和发展的最重要因素是什么。通常情况下，对方最在乎的东西，也就是对方身上最大的弱点。

第二个关键点：谋划者要找准时机入手，不能轻举妄动。在找到关乎对方命脉的要素时，不能轻易采取行动，而要善于等待时机。通常情况下，可以在竞争对手最需要相关要素发挥作用的时候，发动进攻，这个时候，对方的资源分配和整体防守会向这个要素倾斜，此时进行骚扰，无疑会取得更好的效果。

第三个关键点：谋划者要强化骚扰的频率，而且骚扰的时候不需要遵守特定的规律，这样就会让对方难以招架。一般来说，骚扰的次数越多，给对方造成的消耗也就越大，对方在防守的过程中，耐心的消耗也越大，而一旦对方开始适应骚扰懈怠下来，谋划者就可以出其不意攻其不备，找准机会发动致命一击。

郭嘉：要想博弈取胜，先学会洞察人心

郭嘉是三国时期著名的谋士，他原本是袁绍的手下，却长期无法得到重用，于是他生气地对袁绍手底下的其他谋臣说道："明智的人能审慎周到地衡量他的主人，所提供的谋略和建议都会非常周全，这样就可以建立功勋、扬名立万。如今的袁绍虽然能够像周公那样礼贤下士，却不善于用人，平时善于思考却总是抓不到要点，喜欢出谋划策又缺乏决断力，想要和这样的人一起拯救国家，建功立业，实在很困难。"说罢就离开了袁绍。后来，他在荀彧的介绍下投靠了曹操，帮助曹操实现了统一北方的理想。

三国时期，很多谋士都具备出色的谋划能力，但是很少有人像郭嘉一样，仅仅通过识人之术，就能够精准地掌控大局，帮助曹操制定合理的策略。他非常善于识人，能够精准把握每一个人的性格特点，并从中解读对方的谋略和行动。

比如，曹操讨伐张绣时遭遇大败，就连大将典韦也死在了战场上，信心受到打击的曹操变得一蹶不振。就在这个时候，袁绍来信羞辱曹操，并扬言要派大军进攻，这更是让曹操感到心惊。眼看主帅心境受损，毫无战意，这样下去，整个曹营将会成为一盘散沙。曹操的谋士自然知道曹操之所以不敢应战，除了没有从张绣的大败中恢复过来，还有一个更加重要的原因在于他害怕此时与袁绍交战，刘备会趁机进攻许都，导致自己腹背受敌。谋士们也想到了这一点，但他们根本给不出一个好的建议，在这个关键时刻，郭嘉站出来说："袁绍这个人刚愎自用，虽然手底下有很多谋士，但他从来不会用，因此在战场上只会依靠蛮力冲击，而无法做出正确的决策。刘备这个人虽然勇猛，但没有什么谋略，带兵打仗没有章法，手底下也没有像样的谋士，对这样的人用兵是最合适的，必定可以取得大胜。"曹操于是听从了郭嘉的建议，先发兵攻打刘备，结果大败刘备，解决了腹背受敌的危机。

而当曹操与袁绍在官渡地区对峙时，江南地区又传来一个坏消息：孙策将会领兵攻打许都。这个消息无疑给了曹操当头一棒，也让曹军军心动摇，因为曹军本身就与袁绍的部队差距很大，双方交战许久，曹军早就疲惫不堪，孙策这个时候出击，曹军必败无疑。很多人劝说曹操撤军，回援许都。就在曹营内部士气低落的时候，郭嘉站了出来，告诉众人："孙策虽然勇猛，但为人过于轻率，向来都不知道如何保护自己，现在他刚刚夺取江东之地，大家并不服从他，像他这样高调的人必定会遭到那些豪杰的刺杀。"果不其然，孙策很快死在仇敌的门客手上，许都的困局也就轻松解决了。

袁绍去世之后，曹操认为时机已经成熟，就准备攻打袁军，彻底消灭这个心腹大患，但是郭嘉却建议曹操不要急于发兵，不妨先静观其变，因为他非常了解袁绍的两个儿子，认为这两个儿子都是狼子野心之辈，但是野心过度、谋略不足，关系也非常不和睦，他们必定会听从手下人的唆使，发生对抗。结果，曹操就暂时放弃了进攻袁军的想法，而袁绍的两个儿子果然开始争夺权力，最终导致袁军内耗加重，而坐山观虎斗的曹操此时出兵，轻松就击败了袁军，至此顺利控制了北方。

《孙子兵法》中说："知彼知己，百战不殆。"郭嘉正是通过对他人性格特征的分析，来了解对方的基本信息，并预判对方的基本行为。从心理学的角度来说，一个人的行为特征往往和自身的性格息息相关，不同性格的人，往往会有不同的思考模式和行为模式。郭嘉在帮助曹操制定对敌策略时，会认真分析对手的性格特征，然后判断对方的行动，这样就可以准确了解对方接下来会怎样做，以及自己应该怎样去做。

  人们通常会认为人与人之间的竞争靠的就是资源和实力，看看谁的帮手多，谁的武器库更丰富，谁的资金更雄厚，谁的影响力更大，却忽略了一点，竞争本身就是博弈，而博弈更多地依赖信息，这种信息并不局限于个人的硬件实力，还包括个人的性格特征。比如，有的人有勇无谋，做事情比较鲁莽，喜欢直来直去，那么就可以用计让对方上当；有的人生性多疑，做事情喜欢思考，决断能力比较差，这个时候，完全可以用计迷惑对方；有的人足够聪明，但是勇猛不足，缺乏决一死战的决心，谋划者就可以用激烈的对抗和死战的决心吓倒对方；有的人过分看重名声，做事情循规蹈矩，缺乏变通能力，这个时候，可以用灵活的方法击败他。

张居正：一蹴而就难取胜，循序渐进往往能赢

明神宗时期，整个国家面临严重的困局，由于贵族、大地主兼并土地的情况非常严重，国家从土地上获得的税收一直偏低，很多大地主甚至拒不缴税，这严重影响了国家的财政收入，而且也激化了社会矛盾，那些丧失土地的农民只能选择起义造反。国库空虚加上社会动荡，使得整个明王朝政权岌岌可危，眼看国家积弊越来越深，政权越来越不稳定，内阁首辅张居正推行了一场举国闻名的变法运动。

在政治上，他推行考成法，积极整顿吏治，加强中央集权制。考成法规定：六部和都察院的官员要给所办的事情设定期限，然后分别记录在三本账簿上，六部和都察院留一本，六科留一本，内阁留一本。六部和都察院逐月检查官员所办事项，每完成一件，注销一件，没有完成的如实申报；六科根据账簿登记，要求六部每半年上报一次执行情况；内阁则依据账簿登记，对六科的稽查工作进行查实。这样就可以通过内阁控制各级行政机构的工作，形成了一套完整的官员考评机制。

在经济上，他实施了一条鞭法，把各州县的田赋、徭役以及其他杂

征归结为一条，合并征收银两，纳税时按亩折算即可，这个方法极大地简化了征收手续，而地方官员想要作弊往往也无从下手。

在军事上，他派戚继光等名将镇守边关，让人重新修筑长城，巩固边防，同时大力发展边关贸易，主动与鞑靼人贸易，推动边关和平。

从某种意义上来说，张居正的变革触及了贵族群体的利益，自然会遭到贵族、地主和其他守旧派的围攻、阻挠。张居正曾经深入研究王安石变法，他认为王安石变法之所以会失败，并不是因为提出来的变法主张不好，而是因为王安石太过激进，变法的措施和主张完全超越了时代，动摇了反对派的根本利益，所以才会遭到重重阻挠。为了减少阻力，张居正做了调整。张居正推行的考成法并非一种颠覆性的制度，它并没有完全推翻旧制，而是具有一定的承袭性。一条鞭法同样是前人试行的变革措施，不是张居正的首创，而且一条鞭法本身就是为统治者服务的。

张居正巧妙地对旧制度进行调整，适当地迎合了那些守旧派和反对派，所以在变革的过程中，虽然遭遇了一定的阻力，但是这些阻力并没有真正影响到变革的推进。张居正在世期间，他的一系列变革措施得以顺利落实，并取得了很好的效果。国家的经济状况有了很大的改善，财政收入不断增加。政治也变得更加清明，官员的办事效率显著提高，而在国防上，一系列的举措有效提升了国防能力，增强了明朝军队抗击侵略者的能力，而促进边关贸易也让明政府和鞑靼之间的关系得到一定程度的修复，双方的摩擦不断减少。这些变革在一定程度上挽救了明朝，延缓了明朝衰败的速度。

张居正的故事对我们个人的成长与发展具有重要启示：

一、逐步推进的重要性。张居正的改革并非一蹴而就，而是经过深思熟虑后逐步推进的。这种策略提醒我们，在追求任何目标时都需要保持耐心，一步一个脚印地稳步前进。在个人发展过程中，我们可以借鉴这一策略，通过设定明确的短期和长期目标，并制订详细的计划来逐步实现它们。

二、平衡各方利益的智慧。张居正深知改革可能会触碰到某些既得利益者的底线，因此他在推进改革的过程中，始终注重平衡各方利益，尽量减少冲突和阻力。这一智慧同样适用于个人发展。我们需要学会与他人合作，理解并尊重不同人的立场和需求，寻求共识和妥协，以确保我们的行动能够得到更广泛的支持和理解。

三、选择关键点作为突破口的策略。在面对复杂的问题和挑战时，张居正展现出了卓越的判断力，他选择了一些关键领域作为改革的重点，如政治整顿和经济改革，通过在这些领域取得突破，带动了整个国家的变革。在个人生活中，我们也可以运用这一策略，通过深入反思和自我评估，识别出哪些方面是我们最需要改进的，然后集中精力去攻克这些问题。

第六章 众志成城，善于统领才能成大事

李渊：恩威并重，团队更有战斗力

李靖是唐初杰出的军事家，他最初是隋朝的官员，才识过人，就连当时的宰相杨素也对他称赞有加，但是他性格刚直，为人正派，一直得不到重用，在隋末时也不过是个马邑郡丞。隋末年间，各地义军纷纷起兵，镇守太原的李渊看到时机成熟，也准备起兵造反。李靖当时正是李渊的下属，忠于朝廷的他直接前往江都，准备在隋炀帝面前告发李渊，可是由于四处战乱，李靖最终留在了长安。不久之后，李渊攻占长安，下令处死一批和自己作对的隋朝官员，告密的李靖自然也在名单之中。李世民非常仰慕李靖，对他的才能和胆识更是非常钦佩，于是出面求情，李靖最终逃过一劫，并留下来帮助李渊争夺天下。

公元620年，李渊命令李靖征讨萧铣，在这一战中，李靖充分发挥出自己的军事才能，初次交锋便打得对方溃不成军，极大地鼓舞了士气，李渊对李靖的表现非常满意，于是给了李靖很多赏赐。当时很多人都很不理解，李靖明明之前还准备告发李渊，为什么李渊还要给这样一个告密者奖赏呢？李渊没有想那么多，觉得行军打仗就要做到赏罚分明，对事不对人，既然李靖为自己效力且取得了不小的战功，自己就应当奖赏他，否则将士们看了也会心寒，以后谁还会卖力打仗呢？

不久之后，李靖在大战中失利，李渊得知情况后非常生气，严厉斥责李靖贻误战机，导致军队遭遇大败，于是下令以军法处置，要杀掉李靖。这个时候，军中不少人站出来替李靖求情。眼看已经达到警示的目的，李渊便顺着众人的意思，放过了李靖，对其进行了降职处理。从鬼门关逃回来的李靖对李渊感恩戴德，更加忠心耿耿。

正是因为李渊的恩威并施，赏罚分明，李靖这匹烈马最终被他驯服，成为李唐阵营中勇猛的将领，帮助李渊攻克了一座又一座城池，为李渊夺取西南地区，建立李唐政权奠定了基础。

不得不说，李渊是一个非常聪明的领导。为了管理好团队，他采取了恩威并施的策略，通过正向激励和负向激励结合的方式来管理员工。正向激励主要侧重于奖赏，通过物质激励、精神鼓舞的方式激发员工的积极性，并为员工提供晋升的通道和实现自我价值的平台，强化员工的主观能动性。而负向激励侧重于惩罚，当员工执行不到位，无法完成既定的工作目标时，领导者和管理者需要给予一定的惩罚，以此来约束员工的行为，激发员工的竞争意识和奋斗意识，督促员工表现出更好的工作状态。

恩威并施的策略不应局限于管理领域，也可以广泛应用于人与人之间的合作与交往中。这种策略可以看作一种"正向激励与适度约束"的平衡模式。

为了促进合作关系的持续发展，并确保双方都能朝着共同的目标努力，正向激励显得尤为重要。通过给予合作方肯定、鼓励或奖励，可以激发合作方的积极性和创造力，使他们更加积极地投入于合作事务中。

然而，仅仅依靠正向激励是不够的。合作过程中难免会遇到各种挑战和困难，这时就需要适度的约束和鞭策来发挥作用。通过设定明确的规则和界限，并对不遵守规则的行为进行适当的惩罚或纠正，可以确保合作的顺利进行，并维护双方的共同利益。

恩威并施的关键在于找到激励与约束之间的平衡点。过多的激励可能会导致合作方过于放松，缺乏必要的紧迫感和责任感；而过多的约束则可能抑制合作方的积极性和创造力，导致合作关系变得僵硬和缺乏活力。

在实施恩威并施策略时，需要制定明确、公正的合作标准和规则。这些标准和规则应该根据合作的具体情况来制定，以确保它既具有激励作用，又能对不当行为进行有效的约束。

总之，在个人与外界合作中，恩威并施是一种非常有效的策略。通过正向激励和适度约束的平衡运用，可以促进合作关系的健康发展，激发合作方的潜力和创造力，从而共同实现更大的目标。在实施这一策略时，需要注重公正、合理和一致性，以确保其长期有效和可持续。

欧阳修：管理并非越严越好，该宽容时就宽容

管理一直是团队工作的重点，为了推动团队执行能力、工作效率的提升，为了确保团队可以向着同一个目标前进，并保持内部的稳定与和谐，管理者通常需要采用高明的管理策略。什么样的管理策略才是最有效的呢？有的管理者倾向于利用制度、规则、权威来管理和控制团队，在他们看来，制度的约束性与权力的压制性是保证团队正常运行的根本，因此他们会使用严厉的管理制度来约束每一个人的行为。而有的管理者则倾向于柔和、宽容、有弹性的管理方法，给予团队成员一定的包容，为他们的工作创造更加自由的空间，在管理上，他们不会完全照搬制度，不会完全按照严格的管控措施和绝对的权威来引导众人，很多时候，他们会依靠个人魅力来完成管理工作，确保所有成员保持良好的工作状态。

古代有很多出色的管理者，他们主张通过弹性管理来谋求团队的稳定，欧阳修就是一个很典型的代表。

在很多人的印象中，欧阳修是"唐宋八大家"之一，是一位诗人、

词人和散文大家，其实他还是一位具备出色管理能力的朝廷官员。他曾经前往开封府担任府尹一职，开封府也叫东京或汴京，当时是名扬世界的大都市，经济文化都很发达，聚集了来自不同地区的人，所以，开封的社会治安是一个大问题，各种势力盘根错节，很多官员都不愿意前往开封府任职。

著名的包青天包拯就曾在开封府担任府尹，而包青天为了治理好开封，一直主张严格依法办事，任何违背律法的人都将受到严惩，多年来，他一直实施铁腕政策治理开封，遭受的阻力非常大。而欧阳修则不同，他深知开封府的社会环境非常复杂，如果一味使用严厉的制度和权威来管理，可能会引发其他人的反对和不满，导致开封的环境越来越乱，因此他在坚守律法的同时，也常常会以人情作为评判依据，以弹性的手段治理开封，处理好各方的关系。

无论是处理上下级关系，还是处理同僚之间的摩擦，或者在维护与民众的关系时，他都会保持包容的心态，而不是照搬制度和规矩。只要不违反原则，欧阳修并不会过分追究，因此大家的关系也都比较融洽，民众非常爱戴和拥护他。在任期内，欧阳修颁布了很多政策，几乎每一条都顺利得到实施。而从某种意义上来说，宽松的政策是符合开封当时开放、多元、多层次的文化属性的，因此他治理下的开封比较安定平稳。

不仅如此，欧阳修还非常善于放权，他不会强制要求别人必须完全按照自己的意思去做，而是给予下属一定的自主空间。作为开封府的最高行政长官，欧阳修并没有独揽大权，他只抓一些重要的工作，至于一些琐碎的事情，则安排下属去完成，这样就有效提高了办事效率。

正是凭借着这些举措，欧阳修将开封治理得井井有条，而这种宽松的管理模式也受到了历代统治者的推崇，以至于清朝的时候，人们在开封府的府门两侧立了两块石碑，一边是"包严"，一边则是"欧宽"。

真正懂得谋事的管理者不会执着于"权威"和"控制"，为了将管理工作做到位，为了实现管理团队的目标，管理者会在强调规则的同时兼顾人情，因为管理的核心就是管人，而人是有感情的，有自己的欲望，有自己的主动性，管理者需要尊重这一切。使用严苛的制度管理、严格的流程管理，以及强大的个人权威，这并没有什么问题，因为强制的目的就是确保所有的工作都必须做到规范化、标准化，但过分看重制度并使用一刀切的做事方法，可能会让团队内部出现不满的情绪，管理工作可能会陷入混乱和瘫痪的困境。

秦昭襄王：有被需要感，下属就会更努力

战国时期，秦昭襄王想要统一中原地区，为此，他一方面大力发展经济和军事，打造一个强大的秦国，另一方面则四处求访贤才，招纳有才华的谋士，他听说隐士范雎很有才华，是辅佐国君夺取天下、治理天下的大才，于是就亲自前去拜访。

在远远见到范雎后，他非常恭敬地下马车，让身边的将士全部远离，他自己一个人走到范雎面前，然后直接跪在地上："请先生教我。"这一跪不仅让随从人员大惊失色，也让范雎觉得不知所措，堂堂一国之君向自己这样一个庶民下跪，这是没有过的事情，他内心非常感动，但还是决定考验一下对方，因此并没有同意跟秦昭襄王走。

秦昭襄王眼见说不动对方，于是第二次下跪，请求对方出山辅佐自己，态度更加诚恳恭敬。范雎有些为难，仍旧支支吾吾地没有答应。秦昭襄王没有放弃，他知道眼前的人能够帮助自己成就一番大事业，绝对不能错过，因此，他第三次下跪，而且非常谦卑地说："先生真的就不愿意教寡人治理国家的策略和方法吗？"范雎有些心动，但还是没有答应

秦昭襄王，而是谈到了自己的顾虑，他并不觉得秦昭襄王是真心求教，或许只是一时心血来潮，在臣民面前作秀而已，将来或许就不会重用自己了。秦昭襄王于是第四次下跪，恳切地说："先生不要有什么顾虑，更不要对我的行为产生怀疑，我是真心向您请教的。"眼看秦昭襄王还不死心，于是他开口试探对方是不是真的能够听进去别人的话，他非常不客气地说："大王并不是一个完人，很多时候也做出了错误的决策，您的很多治国方法都不合理，也有过不少失败。"面对这样的指责，秦昭襄王并没有生气，反而非常高兴，因为范雎能够指出自己治国策略的错误，那么就一定知道治理国家的正确方法，所以他第五次跪下来，顺着对方的话说道："我愿意聆听先生的治国高见。"

这个时候，觉得时机已经成熟的范雎并没有拒绝秦昭襄王，而是

答应辅佐他治理国家，吞并中原各诸侯国。在那之后，秦国如虎添翼，成为战国时期最有实力的国家，并为之后的统一六国奠定了坚实的基础。

在选拔人才、任用人才、管理人才方面，秦昭襄王一直都是典范，很多帝王和国君也重视人才、尊重人才，但是像他一样下跪求人的国君并不多见，相比于其他人，秦昭襄王更加懂得如何用自己的真诚去吸引人才。比如，在吸引人才、管理人才的时候，很多人只看重利诱，他们会许诺对方更高的工资、晋升的机会、更好的发展平台，但是却没有真正放低姿态去尊重人才，从情感上去拉近彼此的关系。

在招纳人才时，秦昭襄王始终在强调"我需要你的帮助，你是我最需要的人才"，这样可以让对方产生被需要的感觉，而很多管理者面对人才时，强调"我能给你什么待遇"，这种"开价"的模式往往会让人觉得管理者只是需要一个"打工者"来帮忙解决问题，在这个过程中，管理者始终都以居高临下的姿态面对人才，他们更加希望花钱雇一个帮手。在人才管理方面，很多管理者都没有真正去尊重人才，很多时候，他们之所以愿意礼贤下士，可能是出于一种作秀心理，希望给人留下一个爱才的印象，或者是为了让自己的团队看上去很强大，为此他们会不断招聘一些高学历人才，却不管这些人才适不适合自己。

正因为如此，管理者在管理人才的时候，应该扪心自问：自己对待人才是否足够真诚，是否只是为了作秀，是否有着更长远的规划，是否在善待人才方面始终如一，是否真的尊重员工的价值和能力，是否真的能够倾听员工的心声。真正尊重人才的人，往往会在情感上表现出来，会真切地让人才感受到被需要、被尊重。

汉文帝：展现权威，避免近则不逊的现象

周勃是西汉的开国功臣，被刘邦封为绛侯，后来因为平定吕氏家族的叛乱，他又被封为右丞相。汉文帝非常尊重周勃，罢朝之后经常亲自送对方走出殿门。周勃一开始对皇帝的关照感到不好意思，觉得受之有愧，可是时间一长，他开始变得傲慢，认为自己是大汉的股肱之臣，皇帝尊重自己也是理所应当，慢慢地，他对皇帝也不那么敬重了。

中郎将袁盎眼见周勃如此傲慢无礼，非常愤怒，于是找到汉文帝，问他对周勃的看法如何。汉文帝说："周勃是江山社稷的重臣。"袁盎摇摇头说："周勃只能算是国家的功臣，而不是重臣。"

汉文帝有些疑惑，他不觉得功臣和重臣有什么区别，袁盎解释道："真正的社稷重臣，会协助君主共同完善法度，治理国家，即便君主不在了，也能够保证法度完好，并且严格按照法度去治理国家，维护社稷的稳定。我记得周勃曾经和高祖刘邦一起发誓：非刘氏宗亲不得封王。可是吕后专政时，吕氏家族不少人封王，周勃位居太尉一职，还握有兵权，却没有站出来反对。等到吕后去世，刘氏家族和大臣们击杀吕氏后

人，周勃才得以趁着这样的机会建立功勋，所以我说他只是功臣，而不是社稷重臣。"

汉文帝听了觉得有道理，不过他向来敬重周勃，觉得无论周勃是功臣还是重臣，都是国家难能可贵的良臣，自己对他也是非常敬佩和尊重。

袁盎于是说道："我们都知道陛下非常尊重右丞相，臣子们自然知道陛下礼贤下士，也明白这是国家之幸，只不过，根据我的观察，陛下对右丞相越是尊重，右丞相反而越是傲慢无礼。礼贤下士的做法并没有错，但是不控制分寸的话，臣子可能会变得骄傲自大，连陛下也不放在眼里，这样就会给整个国家的管理带来麻烦。"

听了袁盎的话，汉文帝恍然大悟，于是第二天上朝时，神色更为庄重，言行非常沉稳，处处透露着皇帝的威严，罢朝也不再送周勃出殿门了。周勃看出了端倪，开始收敛自己的狂妄举动，对皇帝也变得更加敬畏，之后更是兢兢业业工作，不敢有丝毫懈怠。看到一向受宠的周勃对皇帝毕恭毕敬，文武百官也变得更加谨慎和收敛，再也不敢做违背法度和越权的事情了。

像汉文帝重视并尊重手下的贤能人才，这是管理人才队伍的一种方式。但是，仅仅依靠这种方式是行不通的，因为人才只有受到规范和引导，才能真正发挥作用，按照管理者的预期来行事。纵容像周勃这样的人恣意妄为，只会让他越来越失控，甚至对整个管理体系造成严重伤害。

领导力需要依靠权威来维持。管理者在处理上下级关系的时候，必须意识到这一点，并且应该合理利用自己手中的权力去指挥、约束、引导下属。他们需要告诉下属应该做什么，应该怎么做，什么可以做，什么不能做。管理者要利用手里的权力来强化自身的权威，确保所有下属能够听从指令行事。

管理者在用人的时候，应该适当强化权威，具体来说，他们要做好以下几点工作：

加强内部的管控，让所有人明确自身的定位，了解自己的地位和职责，什么人做什么事，什么时候做什么事，必须严格规范、明确要求，这样才能确保内部权力体系的平衡和正常运转。非工作期间，上下级可以模糊各自的地位和角色，但在工作期间，所有人一定要坚守最基本的权力等级制度，下属必须听从上级的指令行事，上级也必须展示自己铁腕、严肃的一面。

要严格落实规章制度，所有的人都必须认真遵守，没有人可以例外，违反规定的人一定要严肃处理。管理者必须彰显制度的公正性和严肃性，同时通过严肃处理来彰显管理者的权威，提高管理者的威慑力和控制力。

对待下属要恩威并施，一方面要营造良好的工作环境，要给予丰厚的薪资待遇，要提供更好的发展平台，并适当给予赞美和鼓励，让他们感受到管理层的关爱和尊重，但另一方面也要让他们感受到管理者的权威和压迫感，在平时的交流中，要树立自己的权威，要强化自己的决策权，要对一些不合理的行为进行威慑，这样才能更好地领导团队追求发展目标。

需要注意的是，管理者在展示权威的时候，一定要注意有理有据，而且管理者在实施某项制度或者政策时，一定要做好榜样，身先士卒。如果随随便便就动用手中的权力压制下属，整个团队的凝聚力和执行力就会受到很大的影响。

雍正：打破常规用人，才能把事做大

雍正登基时，清朝的国库只有区区800万两银子，因为四处征战的康熙已经消耗了大部分国力，这个庞大的帝国正面临空心化的危险，很多人都觉得继任的雍正接了一个烂摊子，将会面临巨大的执政难题，不料雍正只用了5年时间就把国库从800万两提升到5000万两，为康乾盛世做出了重要的贡献。

而雍正之所以能够快速让清朝恢复元气，除了自己能力出众之外，他还非常善于选拔人才。雍正登基时，清政府无论政治、经济、军事都出现了一些问题，而为了解决这些问题，仅仅依靠他一个人显然是难以完成的，虽然雍正是历史上非常勤勉的皇帝，几乎达到了事无巨细都亲力亲为的地步，但即便这样，他也不可能解决所有问题，不可能将所有的国家事务都处理好，他必须寻找更多可靠的帮手。

那么如何选拔真正的人才呢？

按照当时的风气，无论是中央机构还是地方政府，论资排辈的现象非常严重，很多有背景的官员，很多地位很高的官员，往往会在工作中占据很大的优势，在人事任命的时候，他们往往是优先考虑的对象，但这个群体中并不是所有的人都有真才实学，很多资格很老、地位很高、背景很强的人占据了重要的岗位，却没有为国家做出半点贡献。雍正非常痛恨这样的现象，和清朝的先辈们不同，雍正皇帝选拔人才只看对方有没有真才实学，能不能为国家做一些实事。

为了更好地任用人才，雍正制定了两条政策：

第一条，他绕过了那些国家机关，让自己信任的大臣从各地选拔人才，所有的人无论有没有功名，无论有没有背景，无论社会地位如何，只要能力出众，符合国家的需要，就无条件提拔上来。有趣的是，雍正虽然也赞同通过科举制度来选拔人才，但是他对科甲出身的官员并没有什么好感，他认为这些官员理论说起来一套又一套，做得很少，而且做事能力很差，迂腐不堪，不懂得变通，不少人还喜欢阿谀奉承。正因为如此，他一直都不拘一格选拔人才，一些在科举考试中名落孙山也没有任何背景的人，只要有能力且能办实事，他都会破格录用。

第二条，雍正非常重视对汉族人才的任用和选拔，他曾经对田文镜说："朕从来用人，不悉拘资格，即或阶级悬殊，亦属无妨。"作为一个清朝皇帝，在对待汉人的问题上，雍正的思维层次比康熙、顺治等皇帝要高出不少，为天下士子和有才华的人进入仕途打了一剂强心针。

在人才选拔和使用方面，雍正具有清朝帝王少有的大局观和战略思维，在人才任用机制的构建上，他比其他清朝皇帝要高出一个等级。雍正在位13年，培养和提拔了一批出色的官员，这些人无论是自身的才华，还是人格魅力都是顶尖的，他们为雍正时期政治事业的发展做出了巨大贡献。

真正优秀的管理者在谋划人才选拔和任用的事情时，往往能够构建一套科学合理的人才选拔机制和绩效考核机制，真正按照个人能力和个人绩效来提拔团队所需的人才。

首先，管理者应该唯才是用，而要验证一个人是否真的有能力，就要选择更为合理的绩效考核机制，通过一系列的绩效考核来验证执行者的能力，并且通过绩效考核的成绩来排名，考核成绩高的人优先录用。

其次，管理者要保持人才选拔的多元化模式，要通过各种不同的渠道来挖掘人才、选拔人才，无论是内部的正规招聘、他人的举荐和提拔，还是人才的培养，都可以全方位展开，而不要拘泥于某种单一的形式。

再者，管理者要改变成见，不要以学历作为唯一的参照依据，也不要依据身份来判断人才的能力，更不要因为人才的性格问题和怪异的行为就产生偏见，真正优秀的管理者应该以个人实际表现为依据，包容不同类型的人才，不论阶级，不论出身，不论个性，只要能力过关的都予以重用。

最后，管理者要给予人才更大的自由发挥空间，在约束和规范的前提下，让他们有更多的自主决策权，这样一来他们才能充分施展自己的才华。

康熙：平衡各方关系，更能掌握主动权

清军入关时，为了击败李自成的农民起义军，于是册封吴三桂、尚可喜、耿精忠三人为藩王，三人在治理范围内拥有完全自治的军权和政权。经过多年的积累和筹谋，吴三桂虽然名义上仍旧效忠于清政府，但实际上已经在云贵地区打造了一个独立王国；尚可喜和耿精忠也各自独霸一方。这给清政府的统治带来了很大的挑战，康熙也知道这三个藩王迟早会走上反清的道路，宣布独立，为此在公元1673年，康熙宣布撤除三藩。

撤藩之后，三位藩王与清政府正式走向对抗，康熙也下定决心攻打吴三桂等人，寻求清政府的大一统。可是当时的三藩实力非常强大，手底下有很多能征善战的将领，士兵们也骁勇善战，而反观清政府的八旗子弟兵，早就失去了以往的霸气和斗志，王公贵族常年养尊处优，根本没有什么战斗力，那些有战斗力的将领则一个个居功自傲，根本不懂得如何带兵打仗。

为了打赢三藩，周培公给康熙提了几个建议：

第一，鉴于朝廷和吴三桂之间的兵力差距，朝廷应该想办法制定更好的对策，提升队伍的战斗力，而具体的做法就是更多地起用汉人将领和汉人军队，这些汉人将领本来就非常了解吴三桂领导的汉人军队，又熟知兵法和谋略，交战时胜算更大。而且汉人将领不像清朝将军那样养尊处优、目空一切，反而会为了建功立业而奋勇杀敌。还有一个重要的原因，提拔一些汉人将领，可以适当压制八旗子弟在军队中的影响力，防止一些八旗将领拥兵自重，同时刺激八旗子弟的竞争意识，因此，汉人将领完全可以与满族将领相互制衡，维持一个均衡的局面。

第二，1674年，陕西提督王辅臣在宁羌响应吴三桂，开始加入反清大军，王辅臣本来就是陕西地区的割据势力，他也希望在叛乱中扩大自己的收益，而周培公则建议康熙安抚王辅臣，给予其丰厚的回报，并将对方的儿子作为人质，约束对方的军事行动。周培公认为一旦王辅臣与吴三桂合作，清政府就会面临巨大的压力。

第三，周培公认为王辅臣和朝廷之间的矛盾只是次要矛盾，没有必要激化矛盾，而应该使用劝降的方式进行招揽，暂时稳住对方。朝廷应该集中精力对付吴三桂，应该将这一条战线作为主线。

仔细分析就会发现，周培公的前两条建议是用来打造一个平衡态势的：第一条是为了打造朝廷与吴三桂军队的平衡，为了打造汉人军队与满族军队的平衡；第二条是确保王辅臣、吴三桂、朝廷三者之间的平衡，避免朝廷腹背受敌，多线作战。第三条建议则是强调抓主要矛盾，即朝廷和吴三桂的矛盾是主要矛盾，需要优先处理。

事实证明周培公的建议非常合理，康熙照着这三条建议执行之后，朝廷的军队不仅平定了蒙古的叛乱，招降了王辅臣，还最终击败了以吴三桂为首的三藩，顺利收复了西南地区的管理权。

在解决三藩叛乱问题的时候，周培公并没有针对问题直接动手，而是让康熙先打造一个平衡机制，通过合理的安排来平衡内部的势力，确保内部的稳定性和竞争性，使得朝廷有足够的精力去应对吴三桂的叛乱，最终实现了内外部的平衡。康熙的平衡策略在团队管理中非常重要，可以让内部成员更具竞争性，更加懂得团结协作，帮助团队实现发展目标。

从团队发展的角度来说，一个完美的团队具备强大的向心力，所有人都相互配合、相互协作，追求同一个目标，但在大多数情况下，这样的团队基本不存在，无论企业给出的报酬多么丰厚，无论团队的制度多么完善，无论大家是否经常统一协作，在很多时候，仍旧存在小团体和小派系，不同派系的利益追求不同，大家甚至可能处于敌对状态。管理者要做的不是去消除那些小团体，不是去消除不同的派系，因为这样做可能收效甚微，不同部门、不同团队、不同层级或许都会产生小派系，这和每一个人的利益需求、价值观、工作风格有关，是管理者很难去避免和消除的，他们真正要做的是想办法在不同派系之间打造一个平衡机制，确保各大利益群体之间可以形成相互制约、相互协作的关系，从而维持一个稳定的局面。

一般来说，想要确保执行者之间可以互相配合、相互制衡，管理者就要分配好权限，所有被授权的机构或人只享有部分权力，彼此之间不会冲突，而是相互制约。也就是说，一项工作想要顺利完成，必须得到所有人的支持和配合，没有任何一方可以自作主张。比如，很多企业会设置三个机构：一个机构专门负责行政主管工作，享有人事任免的提名权；一个机构享有评议权，对人事任免进行审议和评价；一个机构享有弹劾权，只要任职的干部不符合要求，就可以弹劾。这三个机构各司其职，而且相互牵制，这样就可以有效避免人事任免中任人唯亲和腐败的现象。

对管理者来说，这种相互制衡、相互配合的关系，是维持团队和谐、高效运转的保障。

李世民：构建平衡机制，确保团队高效运作

在封建时代，皇帝通常会重用宰相，并给予他们很大的权力，因为有能力的宰相往往可以帮助皇帝治理国家，带领国家走向繁荣和强盛。但与此同时，皇帝为了更好地管理国家，也会适当限制相权，避免宰相权力太过于集中，影响皇帝的管理权限和威望。李渊建立唐朝之后，为了制衡相权，设置了四个宰相职位，这样一来，宰相的权力就被分散在四个人身上，而且这四个人掌管不同的国家事务，相互配合、相互制约，形成了良好的工作关系。

李世民即位之后，发现四个宰相虽然可以帮助自己分担国家大事，让自己肩上的担子减轻不少，可是也有一个问题，那就是宰相的权力虽然被分散到四个人的身上，但从总体来说，相权仍旧很大，很多时候甚至比君权还要大，对君权形成一定的压制。很多时候，李世民想要做出决策，就容易受到四个宰相的制约和干预。对一个国家的领导者来说，如果连基本的决策权也要受到制约，无疑会让自己的威望和管理权限受到压制，这不利于他对整个国家的控制。为了改变这一局面，李世民进

行了变革，他先是找借口废除了长孙无忌仆射（左仆射）的职位，虽然后来重新让人补了仆射的空缺，但是此时相权已经向尚书省转移了，而且由尚书省内部的左右丞负责相关事务，仆射在尚书省内的权力名存实亡。

过了一段时间，李世民又找借口废除了右仆射的职位，这样一来原本由四个宰相共同支撑的相权体系只剩下中书令和侍中两个职位了。宰相位置的减少使得君权与相权形成一个完美的平衡，君主对国家的控制得以加强，而宰相仍旧相互制约、相互配合，共同管理国家相关事务。可以说，正是李渊的群相制和李世民倡导的"中书令与侍中共同管理"模式，使得大唐进入一个平稳发展期，并在一定程度上开辟了著名的贞观之治和开元盛世。

在团队管理中，管理者一方面需要主动授权和分权，让更多有能力的人帮忙管理内部事务，从而提升工作效率；但是另一方面则要适当强化自己的控制力，确保团队的管理大权始终控制在自己手中，避免管理者权限不足，团队发展可能失控的问题。为了控制好权力的分配，推动团队平稳健康地发展，管理者需要在分权的同时，打造一个合理的权力平衡机制，确保团队领导者的权力与执行者之间的权力不会失衡。

一般来说，管理者在分配管理权限的时候，应该将大部分权限控制在自己手上，而且必须将最重要的权限尤其是一些关键事务的决策权牢牢掌控在自己手中，当管理者拥有决定那些重要事项的权限时，就不用担心下属会架空自己，不用担心自己在分权后会丧失对团队的控制权。聪明的管理者会巧妙地平衡好自己与执行者之间的关系，保证权力的合理分配，从而形成一个良性的"领导者与被领导者"的关系。

这种良性的关系非常考验领导者的管理能力，首先管理者要具备分权和授权的意识，大胆放权，让执行者有更充分的自主权，从而激发出他们的主观能动性。在放权的时候，需要根据执行者不同的能力和优势，给予不同的任务和授权，让他们在各自擅长的领域内发挥出最大的价值。

其次，管理者在放权的过程中一定要控制好力度，放权的工作一定要逐步展开和推进，不要急于将权力分配出去，而应该适度授权，看看执行者的能力和表现，然后有针对性地、有步骤地放权，这样可以更好地掌控放权的流程。

　　再者，管理者想要平衡好上下级之间的权力，一定要做到收放自如，知道什么时候要放权，什么时候不能放权，哪些事情需要放权，哪些事情不能放权。通常情况下，管理者在一些关键事务上不要轻易分权，在一些关键决策上不要轻易放权，在重大问题上，管理者必须要求下属及时上报。

　　最后，考虑到一些团队可能会根据股份的多少来决定投票权的大小，为了避免决策权被架空，管理者需要掌控更多的投票权，需要控制更多的股份，确保自己能够对其他人形成绝对的压制，这样才能保证自己的控制力。

霍去病：用好薪酬等级制度，激发团队潜力

霍去病是汉武帝时期的著名将领，在汉朝与匈奴的交战中，立下赫赫战功，成为一代战神。从军事才能和军功来说，霍去病几乎是一个完美的将领，为后世将领树立了最高的标杆。

但说起军队的管理，很多人对霍去病有很大的意见。比如，霍去病经常在军营中打骂士卒，有时候甚至拿鞭子抽打士兵。不仅如此，每次吃饭时，霍去病都是自己一个人坐在大帐里喝酒吃肉，为了吃到美食，他将那些手艺很好的厨师带入军营，专门负责自己的饮食。至于那些士兵，他们只能在帐外围在一起啃干粮。即使自己营帐里的食物吃不完，霍去病也不会分给士兵吃，而是拿到外边倒掉。

对于霍去病的做法，朝中很多人都颇有微词，认为霍去病太过傲慢，根本就不懂得如何体恤士兵。他们认为真正的好将军就应该像李广那样，不仅有出色的军事才能，能够领兵打仗，还具备高尚的品德，能够与士兵同甘共苦。霍去病即便做不到与士兵同甘共苦，也不能在军营里搞特殊，毕竟这些士兵都是跟着霍去病出生入死的兄弟，如今受到这

样的待遇，无疑会令人心寒。

面对大家的非议，霍去病反唇相讥，认为那些非议者迂腐不堪，根本不知道如何带兵打仗，他觉得将领的主要职责就是打胜仗，而不是和士兵同甘共苦，不是士兵吃什么，自己就吃什么；也不是士兵住在哪里，自己就住在哪里。好的将领应该成为士兵的榜样，让他们知道一个有能力且能打胜仗的将军是可以获得更多封赏的，让他们知道想要成为和自己一样的人，就需要建立军功，而他们只要在战场上奋勇杀敌证明自己即可。

事实上，霍去病手底下的士兵对他非常忠心，都愿意跟着他出去打仗，他们知道只有跟着霍去病才有机会获得更多的封赏，只有在战场上奋勇杀敌，才有机会像霍去病一样吃肉喝酒，加官晋爵。也正是因为如此，霍去病能够带领士兵在6年时间里先后6次大败匈奴，杀敌11万余人，匈奴人听见他的名字都吓得心胆俱裂。

为什么霍去病能够带领好队伍，创建不世奇功呢？原因很简单，霍去病认为士兵参军的主要目的就是建功立业，就是为了获得封赏，改变自己的命运，霍去病正是看透了这一点，所以在管理士兵的时候，他一直都非常严格，士兵犯了错必定会受到严惩，目的就是希望所有人可以认真执行指令，不会轻易在战场上犯错，毕竟犯了错，可能就无法建立军功，甚至可能会失去性命。此外，他会区别对待士兵，为的就是激发他们的野心和战斗意志，让他们努力去争取自己想要的东西。

管理者最重要的职能是激发员工的潜力，让他们保持更好的工作状态，而想要做到这一点，就需要想办法建立薪酬等级制度，让不同能力、不同贡献的人获得不同的奖励，这样就可以产生更大的激励作用。

霍去病就是利用这种方式来激励士兵的，将领和士兵的待遇明显不同，立过战功的和没立过战功的士兵享受的待遇也不同，这样才能刺激士兵努力建立军功向上爬。从这个角度来分析，这种区别对待的方法就是一种薪酬等级制度，目的是通过等级的划分来强化团队内部的竞争意识，让每一个士兵在战场上都奋勇杀敌。

燕昭王：重视身边人，才能吸引更多贤士

公元前311年，燕国国君燕昭王即位。为了稳定局势，也为了将燕国建设成和其他大国相媲美的国家，他开始四处寻觅有名气的人才，可是过了很长一段时间，他都没有找到理想的人才。燕昭王非常沮丧，认为燕国缺乏号召力，认为自己缺乏魅力，所以才会被天下的名士冷落。

有个叫郭隗的谋士听说了这件事，主动进宫面见燕昭王，燕昭王没有听说过郭隗，但还是接待了他。燕昭王询问郭隗："齐国当初乘燕国内乱，攻破燕国都城，毁掉了燕国王室的宗庙，这个仇燕国一定要报，我想请教先生复仇的方法。"

郭隗告诉燕昭王，燕国复仇的唯一机会就是招揽更多的人才，想办法壮大国家实力。接着，郭隗向燕昭王讲述了一个故事：古时候，有个国君非常喜欢千里马，于是就派侍臣带着千金四处购买千里马。当侍臣找到千里马的时候，这匹千里马不幸病死了，可令人诧异的是，侍臣仍然花了五百两黄金买下了千里马的马头。见到马头后，国君非常生气，认为侍臣在糊弄自己，花了那么多钱，竟然只买了一个马头。

正当国君打算惩罚侍臣时，侍臣却说："国君，您想一想，现在您连死掉的千里马也要买回来，其他人听到这样的消息后，一定会觉得您非常喜欢千里马，这样一来，他们自然会将千里马送上门来。"果不其然，还不到一年时间，就有人陆续送来三匹千里马。

郭隗讲完故事后，接着说道："大王，您如今要招揽人才，应该从招纳我郭隗开始，因为一旦像我这样才疏学浅的人都能被重用，那些比我能力更强的人，听到这样的消息，肯定会不远千里赶来为您效力的。"

郭隗，你说说，你没有很大的才能，我为什么要招纳你呢？

大王，您想啊，像我这样才疏学浅的人都能被重用，能力很强的人定会赶来效力。

燕昭王

郭隗

燕昭王听了觉得非常有道理，于是就改变了原来招揽人才的方式，听从郭隗的建议，直接重用郭隗，并且拜他为国师，还特意为他建造了豪华的房子。结果这个消息很快传遍了整个燕国，并快速传到了其他诸侯国，那些有才能的人听说燕王如此敬重人才，于是纷纷前来投靠燕王，而在这些人当中，就有魏国著名军事家乐毅、齐国的阴阳家邹衍。也正是依靠这批人才的帮助，燕昭王很快就将落后的燕国打造成一个经济富裕、军事强大的国家，燕国在乐毅的带领下更是一连攻占齐国七十多座城池，一雪前耻。

郭隗给燕昭王的建议实际上解决了管理者挖掘人才、选拔人才、任用人才的一个常见问题，很多管理者常常会抱怨招不到人才，但原因可能在于他们自身的管理出了问题。

首先，管理者找不到人才，属于个人的认知问题，人才无处不在，但管理者却没有发现人才，所以为人才短缺而烦恼。这里强调的认知问题，主要和两个原因有关：

一方面，很多管理者在招聘人才时只看重学历，只看重对方是否有名气，是否来自大公司，却忽略了一点：自己是否有能力和条件招揽这些人才，这些人才又是否真的适合自己。这类管理者对什么样的人才适合自己，什么样的人才是自己需要的，根本一无所知，自然也就无法发现人才。

另一方面，团队内部本身就有很多人才，但是管理者不了解团队内部的人，他们常常忽视内部的人才，无法挖掘出他们的能力和价值，一味将目光放在外面，期待着能够招揽更多有能力的人进入团队，这种舍本逐末的做法往往会导致人才引进工作陷入困境。

当管理者的认知出现偏差时，自然就会为人才缺乏而苦恼。

其次，管理者找不到人才，问题还往往出在他们对待人才的态度上。简单来说，管理者并没有制定完善的人才选拔和任用机制，在使用人才的时候并没有给予人才足够的重视和尊重，没有为他们提供更好的待遇和发展空间，而这样的用人方式无疑会让其他有能力的人对其产生质疑。

所以，按照郭隗的理解，一个管理者、一个团队想要吸引更多优秀的人才，应该学会重视人才，尤其是要懂得重视身边人，想办法整合身边的资源，这样才能更好地吸引外面的人才。

刘晏：构建反馈机制，提升执行效能

唐代著名的经济改革家、理财家刘晏，幼年时期便才华横溢，被人称为"神童"，曾经一度名噪京师，后来入朝为官。安史之乱以后，唐朝经济长期陷入低迷，为了推动经济快速恢复和发展，刘晏着手实施了一系列改革，包括改革榷盐法、改革漕运和改革常平法等财政措施，扭转了经济颓势。

除了经济改革之外，刘晏的另外一个重要贡献就是帮助唐代宗建立全国信息网。当时为了推进改革，他需要在第一时间了解各地的经济发展状况、物价水平、经济变革的反应等信息，于是就采取了用驿道快马传递公文的方式传递经济信息。首先，他设置了知院官，专门收集庄稼好坏、市场价格变动、各地物资余缺情况。此外，他知道任何一项经济改革都会动摇很多地主、乡绅、贵族的利益，他们可能会与当地官员勾结，谎报经济数据，甚至有贪污行为，为了减少改革阻力，刘晏需要安排知院官监督和压制对方。

知院官会定期向上反馈相关的信息，尤其是针对改革过程中出现的问题和漏洞，及时向刘晏报告，之后等待刘晏下达新的指示，并按照新的指示执行新的信息收集任务和反馈任务。可以说，设置了知院官的职务，刘晏就可以及时了解各地的经济状况，并有效管理当地负责经济事务的官员。而为了收集到可靠的经济信息，刘晏在要求知院官必须认真执行信息收集任务的同时，又积极鼓励各地官民及时向知院官反映当地的经济情况，确保经济信息的及时性和完整性。

为了确保整个信息网的高效运转，刘晏又设置了所谓"驶足"职位，知院官会将收集到的信息通过驶足一站接一站向中央传递。通常情况下，只需要几日时间，刘晏就可以及时了解全国各地的经济信息，然后综合所有信息制定合理的决策。

正是依靠这张强大的信息网，刘晏可以及时为国家制定合理的经济政策，不仅保证了各项财政改革的成功，还使得国家经济快速发展，国家财力得到及时的恢复。

从某种意义上来说，刘晏创立的全国信息网就类似于企业管理中的信息反馈系统。管理者究竟应该如何构建信息反馈机制呢？

首先，要制定定期信息反馈制度，每隔一段时间，管理者就要召开内部会议、部门会议或者项目会议，和负责项目的执行者面对面沟通，听取执行者的工作汇报。不方便召开线下会议的时候，可以召开线上会议，或者让监督者和执行者定期发送邮件汇报工作情况。

其次，管理者可以构建一个信息服务中心，并成立内部咨询服务团队，服务中心和服务团队的员工随时随地接受员工的咨询，某一项目的执行者如果在工作中遇到了什么问题，就可以直接向咨询服务中心寻求帮助。

再次，构建多元化的信息反馈通道，电话、邮件、网络会议、企业协作工具都可以用于信息反馈和交流。有必要的话，领导者可以开辟一条专线，监督者和执行者有什么问题，可以通过专线向领导者汇报。

最后，管理者应该建立一种良好的交流文化，鼓励内部的信息交流和信息反馈，让员工参与到信息反馈工作当中来。对于批评意见和建议，管理者要给予赞扬和鼓励，让他们的声音得到重视，从而提升他们反馈的积极性。